U0226398

资源节约与环境保护丛书

放牧制度对草原植被群落的影响

中蒙跨境地区对比研究

The Effects of Grazing Systems on the Plant Community of Steppes: A Comparative Study in the Cross-border Area of China and Mongolia

那音太　秦福莹◎著

本书获得中蒙俄经贸合作与草原丝绸之路建设协同创新中心项目“中蒙典型草原区植被群落对不同放牧制度的响应机制研究”（GJHZ201705）、内蒙古自治区教育厅项目“中跨境地草甸原植被群落差异及其经济管理驱动力原因研究”（NJZY17158）、内蒙古人社厅留学回国人员创新启动支持计划项目以及内蒙古财经大学学术专著出版基金的资助

经济管理出版社
ECONOMY & MANAGEMENT PUBLISHING HOUSE

图书在版编目（CIP）数据

放牧制度对草原植被群落的影响：中蒙跨境地区对比研究 / 那音太，秦福莹著 . —
北京：经济管理出版社，2019.12
ISBN 978-7-5096-6752-1

Ⅰ . ①放… Ⅱ . ①那… ②秦…Ⅲ . ①放牧—影响—草地植被—研究 Ⅳ . ① S812.8

中国版本图书馆 CIP 数据核字（2019）第 301847 号

组稿编辑：李红贤
责任编辑：李红贤
责任印制：黄章平
责任校对：董杉珊

出版发行：经济管理出版社
（北京市海淀区北蜂窝 8 号中雅大厦 A 座 11 层 100038）
网 址：www.E-mp.com.cn
电 话：（010）51915602
印 刷：三河市延风印装有限公司
经 销：新华书店
开 本：710mm × 1000mm/16
印 张：9.5
字 数：124 千字
版 次：2020 年 8 月第 1 版 2020 年 8 月第 1 次印刷
书 号：ISBN 978-7-5096-6752-1
定 价：69.00 元

前言

PREFACE

草地不仅为放牧家畜提供了重要的饲草料来源，而且具有涵养水源、调节大气和水循环、改善生态环境等功能和价值，还是部分野生动物的重要栖息地。因此，草地是组成地球陆地生态系统的关键一环。而近期，受气候变化和人类活动的叠加影响，全球范围内草原退化趋势非常明显，大范围出现了土地荒漠化、水资源枯竭、物种灭绝、粮食短缺等一系列严峻的生态环境和社会经济问题，生态环境整体水平趋于恶化，引起了世界各国的关注，其中蒙古高原是典型的例子。

蒙古高原分布着广阔的草原，以典型草原为主，是干旱—半干旱气候的过渡地带，生态环境极为脆弱，以草畜牧业为主，对气候变化和外界干扰的响应非常敏感。蒙古高原是我国北方重要的生态屏障，其生态环境的破坏与退化将会对我国的生态安全产生重要的影响。同时，蒙古高原也是我国开展"一带一路"国家发展战略及建设中蒙俄经济走廊的重要区域之一。而近半个世纪以来，草原退化速度、规模以及程度均超越了历史上任何时期。荒漠化呈现出由局部向大面积扩展，甚至出现整体退化的趋势。例如，过去50年，内蒙古草甸草原、典型草原和荒漠草原植被生产力分别下降了54%~70%、30%~40%和50%，草原生态系统平衡与稳定受到严重干扰与破坏，功能显著降低，各种自然灾害日趋严重，给当地的经济与社会发展造成了巨大的损失。因此，深入研究该地区生态环境变化原因，对中蒙俄以及亚洲乃至全球生态安全、社会稳定和经济发展具有战略和实践上的重要意义。

目前，学术界和社会各界关于蒙古草原，尤其是内蒙古草原生态环境迅速整体恶化的原因有很多观点，其中，除了全球气候变化这一原因外，主流观点是“超载过牧”，因而提出实施“草畜平衡”和“迁出人口”的办法，以实现牧区人地问题关系协调。值得注意的是，在这样一个生态系统极度脆弱的蒙古高原，却具有几千年的人与自然和谐发展的历史，而现代又遭到严重破坏，并且蒙古国的草原整体上比内蒙古自治区的好很多，这是否与管理方式存在区别有关？因此，从蒙古国与内蒙古自治区不同放牧制度下的草原环境比较研究中有可能获得突破性理论成果。

本书在中蒙典型草原跨境区选择两个（国境线两侧各一个）互相毗邻且自然条件基本一致的苏木为研究区，结合样方调查和遥感手段，在跨境区设置垂直于边境线的 3 条样带、平行于边境线的 7 条样带的矩形区，比较自然状态下的植物群落对放牧制度的响应差异，再与遥感数据、调查问卷等方法结合，从放牧制度角度探讨蒙古草原退化的原因。

本书共分为六章：第一章为绪论，主要内容有草原概述、放牧生态学研究综述以及研究的背景与意义；第二章为研究区域，重点阐述蒙古高原放牧制度的演变；第三章为研究方法与设计；第四章为结果分析；第五章为讨论；第六章为结论。

本书先后得到国家自然科学基金项目“基于高分光学与高分极化 SAR 的蒙古高原湿地退化指示种识别研究”（61661045）、内蒙古教育厅项目“中蒙跨境地区草甸草原植被群落差异及其经济管理驱动力原因研究”（NJZY17158）、中蒙俄经贸合作与草原丝绸之路经济带构建研究协同创新中心国际合作项目“中蒙典型草原区植被群落对不同放牧制度的响应机制研究”（GJHZ201705）的资助。

那音太

2019 年 12 月

目录

CONTENTS

第一章

绪 论

一、草原概述

从广义上来讲，草原是世界上最大的生态系统，其面积大约有5250 km^2，占除格陵兰岛和南极洲以外40.5%的陆地面积。其中，稀树草原占13.8%，灌丛草原占12.7%，无树草原占8.3%，苔原占5.7%。从狭义上来讲，草原是以草本植物为优势种，稀树或无树的土地覆被类型。联合国教科文组织将植被中树木和灌木覆盖度小于10%的草地都定义为草原，将覆盖度为10%~40%的草地定义为有树草原（J.M.Suttie，2011）。“草原”一词在世界各地有多种名称，如北美洲的“Prairie”，南美洲的“Pampas”，非洲的“Velde”和“Savanna”，以及亚洲和欧洲的“Steppe”。虽然世界各地对草原的定义较多，但多数参考联合国教科文组织和《牛津植物学词典》提出的定义：草原包括在较干旱环境下形成的以草本植物为主的植被（Pallarés）（Berretta et al.，2005）。

随着人类社会的不断发展，人类从原始自然资源的采集逐渐发展出了农业生产（第一产业），继而发展出了工业（第二产业）。近代以来，人类社会的工业化和信息化程度不断提高，传统的农业和畜牧业产值在社会总产值中的比例逐渐下降，与此同时，包括服务业和信息产业等在内的第三产业产值占比则呈现出不断提高的趋势。然而，在人类社会发展的进程中，农业和畜牧业仍占据重要地位，人类赖以生存的物质基础——食物与营养，在任何时代背景下，始终是决定人类社会发展的最关键因素。草地是畜牧业生产所依托的重要自然资源，其对人类社会和经济发展的支撑作用从未被弱化。

草地不仅为放牧家畜提供了重要的饲草料来源，而且具有涵养水源、调节大气和水循环、改善生态环境等功能和价值，还是部分野生动物的重要栖息地。因此，草地是组成地球陆地生态系统的关键一环。草地生态系统不仅具有支撑畜牧业发展的经济价值，而且在保护陆地生态环境方面发挥着重要作用。草地的沙漠化和沙尘暴的产生是草原生态屏障功能退化的具体表现，其与草原利用和管理的科学性有关（李博，1997）。蒙古高原的天然草原生态系统构成了东北亚地区生态安全的天然屏障。若这片草原的生态系统遭到破坏，将对东北亚地区乃至整个亚洲地区的生态安全造成严重威胁（秦福莹，2019）。在我国，内蒙古草原具有重要的经济价值和生态价值。内蒙古草原生态系统作为保护我国北方生态安全的重要屏障，其重要性逐渐受到重视。近 30 年以来，全球范围内草原退化趋势明显，生态环境整体水平趋于恶化，引起了世界各国的关注（刘钟龄、王炜、韩国栋、焦树英，2005）。导致内蒙古草原生态系统遭到严重破坏的主要原因在于利用方式不科学，究其根源在于各方利益矛盾冲突，这一问题必须引起足够的关注（王炜等，1996；那音太等，2010）。

天然草原的生态健康受到多个干扰因素的影响。例如火，不论是自燃还是人为放火，都持续而广泛地影响着草地（Humphrey R.R.，1974）；放牧家畜和野生动物的采食，是草地受到干扰的另一个主要因素（Han and Ritchie，1998；李永宏、汪诗平，1999；李金花、李镇清，2002）。更大程度的干扰还包括为开垦种植农作物而进行的伐木、围栏和水源点建设，以及一系列“改良措施”，如松耙、补播等（乌兰图雅，2002；贾幼陵，2011）。Semple 曾总结了草原利用方面的实用技术，其中大部分与目前的技术和问题相关，一些技术仅在细节上有所进步。一般来说，如果没有在草原上进行耕作或者播种，草原生态系统就是自然的（Semple，1971）。

当然，许多长期利用的栽培草地已与当初建植时的播种无关。世界上许多水分条件较好的草原被开垦为农田，特别是北美大草原、南美潘帕斯草原和欧亚斯太普草原，放牧均是在不适宜耕种的边际土地上进行的，而且在这些地区人们的基本生活资料主要是由家畜提供的（Burke et al.，1989；Li et al.，2012；Li et al.，2007）。在很多地方，只有一小部分草原未被开垦，原因是这部分草原地区的降水量不能满足农作物生长的需要（赵学勇等，2002）。开垦草原种植农作物对草地影响极大，如放牧空间大量减少、阻碍牲畜移动的传统迁徙路线、使牲畜不能到达饮水点等（任继周等，2000；曹鑫等，2006）。

虽然全球范围大面积草场被利用为耕地或其他利用地，但目前仍然存在广阔的放牧地，其中包括蒙古国和我国北部延伸至欧洲的斯太普草原（虽然我国北部的草原面积与过去100年相比大量减少），青藏高原及邻近喜马拉雅—兴都库什山脉的放牧山地，北美大草原，南美潘帕斯草原，恰克平原，热带坎普斯草原，南美禾草草原和稀树草原，巴塔哥尼亚草地和高原地区，澳大利亚草原，地中海地区和西亚地区大面积的半干旱放牧地，撒哈拉沙漠南部广阔的萨赫勒地区及苏丹吉萨赫勒地区，从非洲好望角到莫桑比克海峡的非洲东部大部分地区（J. M. Suttie，2011）。

放牧系统可以粗略地分为两种主要类型——商业型和传统型。传统型主要以维持生计为目标。粗放型放牧利用是天然草原生态系统管理的一种主要方式。这种非种植作物的土地利用方式与诸如农作物、野生动物、森林和娱乐业等其他土地利用方式存在竞争关系。草地利用方式并非是固定的，主要取决于经济、土壤、气候等影响因素，受地形、贫瘠土壤和生长季（生长季受水分供给和温度的制约）的影响，一般不适宜集约耕作而用作放牧生产（包玉山、海山，1995）。在许多国家，放牧利用的土地均是干旱、多石砾、洪泛区、山区或者偏远地区的植被类型。因此，有关草原的所有讨论都必须在动物生产和人类谋取生计的背景下进行（Baker，1993）。

天然草场商业化放牧经营规模通常较大，一般以某个单一畜种为主，如肉牛或者毛用羊。自 19 世纪开始，规模化的放牧生产系统在放牧家畜密度较低或未放牧草场上逐渐发展起来，这主要源于美洲和大洋洲的移民，而在非洲和亚洲的发展水平则较低（Wario et al.，2016；Mccall and Clark，1999；Dyer，2002）。

传统的畜牧业生产系统根据气候和区域农业系统类型的不同而有所差异，饲养家畜的种类较多，除牛、绵羊之外，还包括马、山羊、牦牛和骆驼等。在传统家畜生产系统中，牲畜通常有多种用途，包括供给肉、奶、纤维、役力以及以粪便形式提供常用燃料。在很多国家和地区的文化当中，牲畜数量还与人的社会地位相关。

传统家畜生产系统多在农牧交错区分布，通常包含作物种植和家畜生产的相互耦合，家畜利用秸秆和农作物副产品，同时也可以利用不适宜种植农作物的草地。然而，广袤的草原仍然作为游牧或季节性放牧的场地来进行利用，在放牧地之间畜群按照季节进行迁移，有些也按照温度进行迁移，或按照可供急用的饲草料进行迁移。其他因素也会影响家畜的迁移，如在蒙古国的大湖盆地地区，6 月由于昆虫叮咬传播疾病，牧民不得不离开乌布苏湖附近较低的放牧地，进入山地，秋季再返回；但在冬季又不得不迁移到山地，以避免盆地的极度低温对放牧家畜生存所产生的威胁（Li，1994；Erdenebaatar，2003）。

在迁移家畜生产系统中，“游牧”与“季节性迁徙放牧”这两个术语的使用有时会被混淆。但实际上，季节性迁徙放牧是人和家畜在两个截然不同的季节性牧场间迁移的放牧系统，两个牧场间距离较远或海拔相差较大。游牧是指无固定营地放牧的畜群，跟随降水而迁移（Koch et al.，2017）。游牧通常采用混合畜群，这有助于减少放牧风险，同时能充分利用植被——不同畜种可以采食不同的植物（Zhang et al.，2007）。在过去150年中，世界政治和经济变革对草原分布、生产状况和利用均有显著影响，定居以及开垦草地种植作物的推进力度史无前例。随着殖民地国家的独立，专制制度下国家的民主化通常会导致传统权威和放牧权的丧失，但在公共草地放牧私有牲畜的问题仍然存在，中亚各国、我国和俄罗斯的草原由封建制度转变为集体管理，但在随后的20年中，集体经济的发展逐步减弱。国家与国家之间的草地管理方式及利用模式有所不同，如苏联解体之后俄罗斯将国有土地交由集体农场和国营农场管理，再由农场把土地以名义地权的形式分配给农场成员（Shvidenko and Nilsson，2010）。

20世纪五六十年代，苏联以牺牲草原为代价，在适耕区进行了大规模的开垦运动。开荒后的第一茬作物产量很高，因此，大部分残留的草地很快被开垦为耕地，并且几乎从不播种牧草。也许人们还没意识到肥力是通过草地而逐渐积聚的，很少考虑到这种实践造成的土壤退化（Shan et al.，1996）。

20世纪七八十年代，苏联利用草地直接放牧家畜的方式变得很罕见，转变成大规模的畜舍饲养和零放牧，这些措施以玉米和燕麦等饲草作物为基础。措施的实施大部分集中在混合经营农场的极端边缘区，反而忽略了农作物—家畜耦合化这一观点。与过去的几十年相比，农村的牧群日益增加并且开始在农村周围进行散养，公社或公共的放牧资源在私有化的家畜占有下日益受到威胁。可行的解决办法是给予较弱的草地、家畜、农作物和土壤援助，尤其是小型混合经营的家庭牧场。虽然早前大型苏联集体农庄式的非地单位作为中央和集体的核心得以保留，但家畜生产仍将会向以家庭为基础进行转变。因此，家庭牧场畜群不得不依靠自己经营的农场和土地的产品进行饲喂。这就为农田—草地轮作提供了坚实的基础（Lerman，2013）。

近年来，受全球范围内气候变化和人类活动的多重影响，世界各地不同程度地出现了土地沙漠化、水资源枯竭、物种灭绝、粮食短缺等一系列严峻的生态环境和社会经济问题。其中，沙漠化是全球生态环境恶化的典型表现之一，到 2010 年，100 多个国家和地区的 10 多亿人口受到沙漠化带来的危害，沙漠化土地约占全球陆地总面积的 1/3，使全世界每年承受的直接经济损失高达 4.23 亿美元（李金霞，2011）。生态环境的不断恶化已经严重限制了区域经济的可持续发展，如非洲撒哈拉沙漠、蒙古高原、西亚等地区的陆地生态系统正面临巨大的挑战（方精云，2000；卓义，2007）。

蒙古草原是组成欧亚大陆温带草原的重要部分之一（包秀霞等，2010），其大部分地区属于干旱、半干旱区，常年干旱少雨，生态环境十分脆弱，对环境变化非常敏感。蒙古国和我国内蒙古自治区共同占据着蒙古草原的主体部分，而近半个世纪以来，蒙古草原承受着人类最激烈的经济活动带来的压力，人类干扰协同全球气候变化对蒙古草原退化的影响日趋严重，因而引起了从事气候、水文、生态等方面研究学者的广泛关注（Angerer et al.，2008；云文丽等，2011；Endicott，2003）。蒙古国是为数不多的纯牧业国家之一，近半个世纪以来人口和牲畜数量增长较快，虽然存在过度放牧现象，但草原生态系统在相当程度上仍然维持着良好的状态，与此相比，我国的草原退化情况较为突出（Conte and Tilt，2014）。

20 世纪初期著名的科尔沁草原经过一个世纪的改变，变为现在的科尔沁沙地，这是人为因素导致的草原沙漠化的一个典型案例（那音太等，2010；赵哈林、周瑞莲，1994；乌兰图雅，2002）。

那音太等针对蒙古草原退化与人口关系中长期（50~300 年）定量信息缺乏的状况，以内蒙古科尔沁草原为研究区域，采用线性回归分析法和文献法，探讨了科尔沁人口变化特征及其原因；使用典型地域 1977~2014 年 5 期 TM 遥感数据，开展了草地退化面积比例与人口密度之间的相关性分析，量化了人口变化对草原退化的影响。结果表明，移民和移民生育是导致该区域人口增长的最大因子，在移民和鼓励生育政策的影响下，该地区呈现人口高速增长的趋势，两个典型区草原退化面积比例与其人口密度之间呈正相关关系，即随着人口密度的增加，草原退化趋于严重。随着人口数量的不断增长，人们对于粮食、衣着等基本生存和生活要素的巨大需求给土地、水资源等带来了沉重的压力，对于这些资源的承载能力提出了更高的要求。为了满足对生活、工业制品的大量需求，人们对矿藏、森林、草原等自然资源过度开发，从而加剧了草原退化的进程（胡令浩，2000；靳瑰丽等，2007；谢树瑛、彭芳，2017）。

多名专家学者提出，人口生态压力过大及其持续增长是造成内蒙古草原生态环境恶化的根本原因。中国北部和西北部的草原牧区（包括内蒙古）的人口密度要比东部和南部地区低得多。然而，干旱（降水量只有 200~300 mm）等自然基本特征以及 1949 年后人口的快速增长，给草原造成的压力不断增加，而草原又是牧区主要可利用的自然资源，因此，最终使得在这种脆弱生态环境下的牧区持续性发展潜力承受越来越大的压力（约翰・W. 朗沃斯等，1994）。2016 年，毕力格等也肯定了人口因素导致内蒙古草原退化的理论，并指出 1949 年之后几次有组织地遣返外来人口的共同点都是人口从内地向内蒙古自治区迁移并从事农业生产活动，而且牧区都伴随着草原的开垦及面积的缩减，造成畜牧业发展空间受限，沙漠化也随之而来，生态环境遭到了严重的破坏（毕力格、杜淑芳，2016）。敖仁其（2005）提出，内蒙古草原退化的主要原因首先是牧民的生产生活方式由游牧变为定居，其次是不合理的围栏，最后是开垦草原或引入农业生产模式，其所指的游牧变为定居、开垦草原和引入农业生产模式都是人口增长的附属现象。20 世纪 90 年代初，我国草原超载程度为 84%，以此为基础进行计算，考虑到人口增长的因素，到 20 世纪全国人口高峰时，即便牧区人口增长率为同期全国平均水平的 30%，按照农牧民生活水平年平均只提高 2% 计算（假设这种提高完全依靠当地农牧业取得），则草原超载压力可能达到300% 以上（侯东民，2001）。由此可见，解决草原过度放牧、草场退化问题，对今后几十年内草原农牧业人口、农牧业劳动力转移（移民外迁或者产业结构调整）速度、幅度提出了非常高的要求。

二、研究综述

（一）草原放牧生态学研究

草原生态系统的经济管理理念派生于早期建立并发展起来的 Clements–Duksterhuis 演替理论（李博，1993；杨持，2008）。平衡理论则是从北美洲早期出现的草场科学研究实践中凝练出来的，提出该理论的代表作包括 Clements 在 1916 年出版的 *Plant Succession*（《植物演替》），其提出的群落演替概念对于生态学领域后期开展的一系列相关研究具有极其重要的指导作用（Glenn-Lewin，Peet et al.，1993）。

1919 年，Sampson 较早地将平衡理论应用于放牧地管理（Range Management）的实践中。虽然该理论是基于特定的、较小范围的、气候湿润的内布拉斯加大平原案例研究建立的，但该理论的建立者认为其仍具有一定的普遍适用性（Sampson，1919）。1949 年，Dyksterhuis 对平衡生态系统的天然放牧地状况划分和变化趋势进行了系统的分析和总结，这一成果为平衡生态系统理论在天然放牧地管理领域的大范围应用奠定了坚实的基础。该理论在美国降雨量充沛且相对稳定的天然草地管理的实践应用中取得了令人满意的效果。到 20 世纪 50 年代时，Clements 提出的植物群落演替理论逐渐成为指导植物生态学研究的重要理论之一。利用平衡理论开展的草场管理实践活动主要涵盖以下方面：由游牧转变为定居；设定围栏并明确草场产权边界范围；强制规定草场载畜量；以市场化为目标的畜牧业生产替代以维持生计为目的的畜牧业；家畜品种改良；等等。上述模式逐渐被世界各国采纳并应用于放牧草场的管理实践当中，其重要性和权威性甚至超过了生态学相关理论本身。随后的一段时期内，该理论被引入社会、经济、文化、政治等领域，对世界各国的发展产生了深远的影响。在 Clements-Duksterhuis 演替理论当中，假定干扰因素存在于放牧系统中，并使该系统偏离平衡态；在干扰因素解除后，系统将自动回归原有状态或进入新的平衡（吴恩岐，2017）。有学者认为，平衡生态学原理适用于退化程度相对不严重的典型草原放牧系统。然而，有相当一部分的关于草地放牧生态系统的研究结果对于其适用的普遍性提出了质疑，尤其是在比较脆弱的生态系统中开展的研究结果并不能为该理论提供有效支撑。为了深入揭示草地生态系统产生波动性变化趋势的机理，阐释放牧系统的稳定性和复杂性，摒弃平衡生态学理论的制约，有学者引入了非平衡理论。实际上，对于退化程度非常严重的放牧系统，其内部遵循的规律是非平衡生态学原理。

自 20 世纪 70 年代末开始，生态学研究领域普遍认识到动态平衡理论在诸多生态系统中难以实现，并且认为该理论存在比较明显的局限性：①该理论认为植被以线性或可逆性的方式来对放牧压力做出响应，因此，可以通过控制载畜量来调控植被状况；②利用密度驱动模型对放牧牲畜数量进行调整；③非生物性因素不会对植被变化产生影响等。

两项在非洲地区开展的研究结果表明：密度驱动模型并不适用于降雨量不稳定且稀少的干旱和半干旱地区；有很多特定的草地生态系统，其特点既非绝对的“平衡”，也非绝对的“非平衡”，而是表现出两者兼具的特性（Wyatt-Smith，1987；Coppock et al.，1988）。传统的平衡理论认定有稳定状态的存在，其核心观点是在每个系统都处于某种稳定状态，系统可偏离其平衡点，在一定范围内上下波动。Pickett（1994）等研究指出，一个平衡体系应具备以下 4 项特征：系统是封闭的；具备一定的自我调控能力；具有稳定的平衡态和确定的变化方向；不受外部因素干扰。实践表明，景观和生态系统很少处于理想的平衡状态。Romme 在对美国黄石国家公园景观生态系统进行研究时发现，该公园内的植物群落组成及多样性处于持续、显著的波动变化过程，因此，其得出该景观生态系统是非平衡系统的结论。系统非平衡理论认为，生态系统是开放的，即内部因素的调节趋向于稳定状态，但当系统受到外部因素的干扰时，会产生一定的波动。外来干扰因素的不确定性是导致系统表现不稳定的重要原因，即便系统有内稳定的平衡点，但其变化和演替的方向呈现出不确定的特性。当外界的干扰因素被作为系统的组成部分考虑时，系统表现出复杂化的特点，其不确定性、非线性和综合性进一步提升。假设生态系统中存在平衡态，那么该种平衡态也仅仅是特定时空尺度下的一种状态。所以，从生态系统的根本特点来看，其依然是开放的、非平衡的、不确定的和复杂的。因此，在对生态系统理论进行研究时，应避免以简单的线性关系来阐述复杂的生态系统。此外，非平衡理论认为，经典的生态平衡理论的成立需具备一系列的前提条件，而在一段时期内，平衡理论作为一种普遍适用的价值理论，在世界范围内被广泛而错误地采用。以有缺陷的理论来指导生态系统研究与实践活动，也产生了诸多问题。目前，基于非平衡理论的观点在草原生态研究与草场管理中的应用正在引起人们的普遍关注（Romme，1982）。

对于在温带内陆半干旱气候条件下形成的典型草原，旱生、广旱生的多年生丛生禾草类是构成其植被群落的主要部分，能够较为全面地表征温带草原的特点与概况（Li，1988）。当植物种群之间发生竞争时，环境因子的胁迫、放牧活动的干扰以及二者的协同、复杂作用，是驱动植被发生变化的主要干扰因素。在对草地生态系统的动态特征进行研究时，干旱是影响草地生态系统稳定性的关键因素。半干旱放牧系统位于竞争—胁迫—干扰（CSP）三角形的中心附近（Grime，1979），虽然三个因素对于该系统来说都很重要，但是没有一种因素能够对该系统产生具有绝对优势的影响（Milton，1994）。虽然上述三个因素之间的相对平衡关系在不同植物群落中存在一定的差异，但是在阐释半干旱放牧系统的复杂性和稳定性的过程当中，衍生出了放牧系统的平衡生态学和非平衡生态学原理，而这两种观点是对立的。

熊小刚等对前人开展的关于锡林河流域典型草原生态系统动态变化特征的研究进行了较为详细的总结，其指出典型草原生态系统呈现出平衡与非平衡的特点，且因放牧强度和退化程度等条件的不同，草原的生态系统表现出波动性演替的趋势。首先，对于退化程度较轻的典型草原放牧生态系统来说，平衡生态学理论具有适用性（熊小刚等，2004）。基于平衡生态学原理的 Clements–Duksterhuis 演替观，是开展锡林河流域典型草原放牧系统动态研究的重要理论基础，但是之前进行的关于锡林河流域放牧系统的研究，主要研究对象是退化程度较轻的草原，这与当时该地区的草原放牧利用的现实情况相一致。其次，平衡生态学理论对于退化程度比较严重的生态系统来说并不适用（Westoby et al.，1989）。近 10 多年来，由于草原载畜量急剧增长，在持续过度放牧和干旱气候条件两个因素的双重作用下，草原退化情况日益加剧，严重退化草原的面积不断扩大，由此产生的直接结果之一就是小叶锦鸡儿种群逐渐占据优势地位，导致典型草原灌丛化，这已经成为当前整个锡林河流域普遍存在的现象。鉴于目前该流域草原发生严重退化和灌丛化的现状，利用基于平衡原理的 Clements–Duksterhuis 经典演替观显然已经不能做出充分、合理的解释，所以对非平衡生态学（Non–balanced Ecosystem）观点的引入具有迫切性。该观点对于推动锡林河流域草原放牧系统研究的深入开展具有重要的现实意义。此外，在新理论的指导下，有利于科学地开展恢复退化草原生态系统的实践活动。最后，非平衡生态学原理适用于退化程度较为严重的生态系统。非平衡生态学原理认为，在草地放牧系统中，随机性事件决定了植被的结构和群落的组成。例如，降雨等非生物变量（降雨强度及其季节性分配）对植被动态能够产生决定性的影响，进而对草食动物种群的变化产生影响。在该非平衡系统中，有效的水分供给量就成为驱动系统发生变化的主要因素。“事件－驱动”系统波动，即非生物因素（如降水）和生物因素（如放牧）的随机性及偶然性决定了植被动态、植物和动物种群波动范围较大，系统呈现出明显的非平衡特征。当系统的复杂性增加时，人们对系统的管控能力减弱。基于非平衡生态学原理构建的状态与过渡模型，系统表征了植被凭借“事件—驱动”所处的各种可交替状态，其中，引起植被状态发生改变的主要变量包括：气候变化、放牧或灌丛清除等。当干扰因素消除时，系统未必能够恢复原状。在非平衡放牧系统中，群落演替即植被状态之间的转变并非总是可以逆转的。在干扰因素的影响下，植被群落演替过程中可能发生某些物种的消失，进而引起群落种间关系不可恢复的变化或环境的重大改变，因此，可能出现群落演替不可逆转的现象。在该过程中发生的某些转变由于涉及系统中物种及其功能的消失，导致促进和竞争作用的相对强弱发生改变。可逆与不可逆变化之间的转变与各生态因子影响强度的数量限度值——阈值有密切关系，在阈值以内时，表现为可逆，系统恢复到原有状态；当超出阈值时，发生的变化则不可逆，系统无法恢复到原有状态。

从自身角度来看，草原生态系统存在着诸多不确定的因素。草原生态系统是人类社会赖以生存的重要基础，而人类的社会活动以及文化观念是草原生态系统能否健康及稳定的决定性因素。过去一段时间内，在关于草原生态系统动态变化规律及草原管理利用的研究当中，生态学家多以生态平衡和保护为目标，而经济学家则主要考虑经济效益，二者兼顾的研究并不多见。但是，越来越多的研究开始从生态和经济并重的可持续发展理念出发，逐步替代以单一理念为指导的研究。与此同时，我国生态文明建设被提到战略高度，健康环境日益受到重视，这为深入研究草原生态系统的演变规律和科学利用方法提供了强有力的保障。

（二）放牧制度研究

草原生态系统中涉及的经济活动以畜牧业为主，其中，放牧制度对其起到决定性作用（汪诗平、陈佐忠，1999）。放牧制度是放牧管理中的组织和利用体系，对家畜放牧地的时间和空间利用进行了系统安排。放牧制度从时间和空间维度对草地的利用与修整进行科学组合，结合放牧强度（Grazing Intensity）和放牧制度（Grazing Way）的调整，使牧草生长与家畜营养需求之间达到数量上的平衡（Vera，1991）。

放牧因牧场的自然条件、草地类型、季节、畜群种类、放牧习惯等不同而采用差异化的制度和方式。每种放牧方式均有其形成的特定历史背景和条件，并且各具特色，以满足畜牧生产的不同需求。放牧制度实际上就是草地资源合理、有效利用的时空配置问题。放牧制度因分类标准的侧重点不同而有所差异，其术语也有差异。根据组织与管理方式的不同，放牧制度一般可分为连续放牧和划区轮牧两大类（吴恩岐，2017）。

连续放牧包括单畜种放牧和混合放牧。连续放牧是指不分季节，全年都在同一草场上连续不断地放牧。连续放牧可以节约成本，与舍饲养殖相比，可以提高牲畜的运动量及机体免疫力。另外，放牧程度轻可以提高草场的生产力和植物群落的多样性，有利于改善土壤结构和成分；而放牧程度高于草场承载力则会出现草场退化。划区轮牧是指将一个季节性放牧地或全年放牧地根据草地生产力和牲畜数量，划分成若干个轮牧分区，每一分区内放牧若干天，几个到几十个轮牧分区并为一个单元，由一个畜群利用，逐区采食，轮回利用。划区轮牧包括季节营地放牧、隔栏放牧和圈养舍饲。季节营地放牧是指将牧场分成不同的季节营地，每一季节营地都在一定的放牧季中利用。圈养舍饲放牧是指以放牧为主、舍饲为辅或以舍饲为主、放牧为辅的生产方式。划区轮牧的优点主要包括以下几个方面：一是可以减少牧草资源的浪费，节约被利用的草地面积。二是可以优化植被组成结构，提高牧草的产量和品质。轮牧可以均匀地利用草地，防止杂草滋生，促进优良牧草生长，而自由放牧多不利于优良牧草的生长，导致植被结构恶化。三是能够增加畜产品产量。轮牧可以避免家畜因活动过多消耗热能，有利于家畜健康生长和发育。四是通过加强放牧地的管理，利于有计划地采取相应的农业技术措施。五是可以防止家畜寄生蠕虫病的传播。通常情况下，轮牧方式一般不会在同一草地连续放牧 6 天以上，这样可以减少家畜感染幼虫的机会。

20 世纪 50 年代以来，包括美国在内的一些国家和地区，在划区轮牧的基础上又发展出多种特殊的放牧制度，包括延迟轮牧、休闲轮牧、季节适宜性放牧、高密度低频率放牧、短周期放牧、最佳放牧场放牧和 Merrill 3 群 /4 区放牧等。高密度低频率（HILF）放牧制度在 20 世纪 60 年代被广泛使用，也称为高强度利用放牧或无选择放牧。Booysen 在 HILF 放牧制度的基础上，于 20 世纪 60 年代末又提出了短期放牧制度（常会宁、夏景新，1994）。在该制度下，利用高载畜密度，缩短放牧期，家畜经常能够采食到新鲜的牧草，使日食质量显著提高。在较好的管理条件下，其载畜率较自由放牧和其他放牧制度有大幅度提高，这一放牧制度在世界各草地类型均得到提倡（Orr et al.，2003）。Kothmann 在总结各种放牧制度在草地生产中应用效果的基础上，将特殊放牧制度分为四个相互区别的组合，即延迟轮牧、休闲轮牧、高密度低频率放牧和短周期放牧（北京农业大学主编，1982）。合理的放牧制度有助于恢复草地生机，提高草地生产效益，保持草地生态平衡，使草地得以永续利用（Romme，1982；Li，1988；Pickett，1994）。

国外关于放牧制度的研究已有100多年的历史，而草地划区轮牧制度最早起源于西欧。在1760年法国科学家出版的《农学家——农民的词典》中，第一次对划区轮牧一词进行了阐述，随后英国、荷兰等国家陆续出现相关研究报道。1887年，南非开始倡导划区轮牧制度（Armour，Duff et al.，1994）。1895年美国学者Jared Smith建议通过划区轮牧来改善美国南部大平原的草地状况，之后Smapson、Jardine和Anderson分别在不同地区进行试验并支持了他的观点（成如等，2014）。近年来，国外学者陆续开始对植被、土壤、家畜等方面进行比较全面深入的研究，从不同角度探索划区轮牧的机理，评价其优缺点。Sweet研究了放牧制度对Botawana草地退化的影响，发现在距饮水点2千米处，轮牧的基盖度高于自由放牧，且轮牧的植被组成较自由放牧好（Pulido and Leaver，2003）。根据Hart等的报道，轮牧条件下山区鸡脚草草地产量占总积累量的62%，而采用连续放牧制度时，这一数值下降为23%（Hart，1989）。Ralphs等的研究表明，短期轮牧可以提高牧草的产量和草地利用率（Pfister，Donart et al.，1984）。Martin等的研究表明，轮牧可以促进草地植被恢复，提高草群盖度和牧草品质（Allen，1985）。许多研究结果显示，划区轮牧能够改良草地，防止草地退化（韩国栋等，2003；卫智军等，2003）。特别是根据不同的立地条件选择适宜的放牧制度，可以大幅度提高草地利用效率，对改良草地及提高家畜生产量均有益处。其他研究也从不同角度肯定了划区轮牧的优越性，如Gammon和Roberts在沙漠草原对短周期轮牧下牛采食状况的研究，Galt和James在北美普列利草原对不同放牧制度下的草地改良状况及家畜生产性能的研究，Allan对不同放牧制度下草场及家畜生产的研究，Clark等进行的施肥与放牧制度对家畜生产影响的研究，Hart等对放牧制度、牧场面积、家畜行为、植被利用状况及家畜生产的研究，Heilschmidt等对不同放牧制度下可利用牧草的生物量、质量和地面立枯物的研究，Hoveland在混合人工草地上进行的放牧制度比较研究等（何高济、任继周、胡自治，1980）。以上研究充分表明，草地划区轮牧制度在大多数国家得到了广泛的认可和应用。

我国对划区轮牧的研究起步较晚。在宁夏回族自治区盐池县与青海省贵德县相继试行的划区轮牧，是我国轮牧制度探索和实践的初步尝试。1964年，任继周对划区轮牧理论与方法进行了系统全面的阐述，并先后利用牦牛和藏绵羊等家畜开展了一系列划区轮牧试验，取得了大量的研究资料（任继周、牟新待，1964）。这一时期，在其他地区也进行了一些零星的试验，对划区轮牧制度的实施效果进行了初步的探讨。20世纪80年代以来，由于草畜矛盾的逐渐突出以及草地退化的日益加剧，国内学者对草地划区轮牧的研究不断增多。徐任翔、陈自胜等对围栏放牧进行了研究，表明围栏放牧能够保护草场，提高畜产品产量，提出设置围栏是合理而有计划地利用草原的重要手段之一（王殿魁等，1966；张自和，1995；常会宁，1998）。施玉辉等在四川省开展的轮牧试验结果表明，与自由放牧相比，冷季牧场实行轮牧制度可提高产草量和载畜量（施玉辉等，1983）。20世纪90年代以来，由于人们的草地保护意识日渐增强，相应的研究也逐渐增加。例如，李永宏研究了不同放牧体制对新西兰南部补播草地的长期效应，结果表明，轮牧对大多数草种的生长具有促进作用；高强度连续放牧有助于杂草鼠耳草和山柳菊的侵入，加速了草地的退化（刘振国，2006）。又如，李建龙（2010）对天山北坡低山带蒿属荒漠划区轮牧进行了研究。刘太勇（1993）、耿文诚和马宁（1993）对人工草地划区轮牧进行了研究。王淑强（1995）对划区轮牧的设计方法及线性规划进行了探讨。韩慧光等（1999）对肉牛养殖划区轮牧进行了实验研究。汪诗平等（1999）对内蒙古典型草原不同放牧制度进行了研究。

放牧制度还可依据人类居住是否固定而被分为游牧、半定居放牧、定居放牧等。蒙古高原的草地是历史上很早被用于放牧的草地之一，在此曾经出现过众多的游牧民族的轮替。游牧是在草原地区形成的古老而传统的生产生活方式，是在牲畜群被人类驯养的过程中自然而然地形成的，并在经历了一系列的演化和发展后建立起来的一种放牧制度。游牧是草地放牧利用制度最原始的方式，也是在自然界演化进程中人畜相互依存、协同进化的一部分。因此，游牧制度实际上是一种最原始的草地轮牧制度。由于游牧使牲畜群不会在同一处草地长久地牧食，避免了草地的退化，因而游牧制度有许多优点。半定居放牧制度是指在具有相对固定居所的情况下，一部分人在外进行游牧，另一部分人从事其他劳作的放牧制度，其是从游牧向定居转化的过渡形式。在中华人民共和国成立的初期，内蒙古地区的牧民以传统的游牧生活为主，而后来因户籍登记等制度性管理的需要，其生活方式逐渐由游牧转为半定居和定居。在定居放牧制度下，放牧者通常拥有固定的住所、固定的畜群，甚至固定的草地范围。定居放牧制度是近代和现代以来国内外放牧家畜养殖业采用的主要放牧制度。定居放牧包括连续放牧和划区轮牧。

（三）放牧对草原群落的影响研究

放牧草地的植被通常是禾本科草种，但并不总是被禾本科草种覆盖，在大面积的放牧区域还生长有一些其他科的植物，如莎草科植物。小蒿草是许多水分充足、放牧压力较大的草场的优势植物，尤其是在高寒草甸。草本和灌木类的盐土植物，特别是藜科植物，在干旱和半干旱草场的碱性及盐碱土壤上的分布非常普遍。在冻土区域，地衣尤其是石蕊属植物和苔藓，是驯鹿的主要食物来源。此外，半灌木也非常重要，不同种类蒿属植物的分布从北非向东到斯太普草原的北线和北美。杜鹃科的亚灌木帚石楠属（Calluna）、欧石楠属（Erica）植物和越橘（Vaccinium）等在英国沼泽地是羊和鹿的重要食物来源。

灌木通常被作为一种重要的饲料来源，一般家畜在歉收季采食，在某种情况下，其果实也可被采食。木本饲料在热带和亚热带干湿季交替时尤其重要。不同的混合灌木群系（地中海常绿矮灌丛、地中海沿岸的灌木地带）在地中海区被用来放牧。乔木和灌木，特别是柳属（Salir spp.）植物，在一些寒冷地区也是重要的冬季饲料。

大面积的草地除了作为牲畜饲料的重要来源和农牧民的主要生活来源外，还有多种用途。大多数草原是重要的水源区，其植被的管理对于下游土地的水资源尤为重要。草场管理不善会破坏草原，而且草场的破坏会加剧土壤侵蚀和径流，严重破坏农业用地及其基础设施，并造成灌溉系统和水库淤积。良好的集水管理对草原区以外生活的人们也有益，但是需要由生活在这片草原的农牧民来进行维护。这些草地同时也是生物多样性的主要基因源，不仅提供了重要的野生动物栖息地，而且有利于这些遗传资源的就地保护。在一些地区，草原是重要的旅游和休闲地，也是重要的宗教活动地点。在其他领域，草原还是野生植物、天然药物和其他产品的来源地。

草原在全球水平上是一个巨大的碳库。Minahi 等（1993）认为，草原在温室气体再循环方面的重要性几乎与森林相当，并且草原的地下有机质和树木生物一样重要，其可增加草原的碳储存能力。

世界各国学者在放牧对植物群落数量特征的影响方面开展了大量研究（董全民等，2011）。较多研究者认为，适当强度的放牧可以增加群落资源的丰富度和复杂程度，能够维持草地植物群落结构的稳定性，提高群落生产力（汪诗平等，2001）。过度放牧可导致草地生境恶化，群落种类成分发生变化，多样性减少，生产力下降（萨仁高娃等，2010）。许多证据显示，适度放牧有利于维持易受人类活动影响的物种的生存，从而增加了当地的生物多样性；但如果过度放牧（去掉地上生物量的 90% 左右），将会严重减少草原植物物种的多样性。Spence 等（1971）认为，连续的重度放牧可导致植被盖度、高度、现存量和地下生物量的大幅度下降。Bisigato等的研究表明，重度放牧较轻度放牧更容易改变植物板块结构（BISIGATO）（Alejandro et al.,2005）。Austrheim 和 Eriksson（2008）对斯堪的纳维亚山脉植物多样性变化模式的研究表明，放牧是保持斯堪的纳维亚山脉生物多样性的关键过程。McIntyre 和 Lavorel（2001）等研究表明，放牧改变了草地物种的组成、物种丰富度、垂直剖面、植物特征以及草地的其他属性。Alice Altestor 等（2005）认为，放牧草地比禁牧草地拥有更高的物种丰富度和物种多样性，而且放牧导致一些丛生性禾本科草种被匍匐性禾草所取代。

18 世纪末，继 James Anderson 提出轮牧理论之后，很多人分别在不同地区进行试验并支持了他的观点，即轮牧可以提高牧草的产量和草地利用率（Derner et al.，1994；Jacobo et al.，2006）。也有研究表明，轮牧可以促进草地植被恢复，提高草群盖度和牧草品质（Parsons，1980）；特别是根据不同地理条件选择适宜的放牧制度，能够提高草地利用效率，防止草地退化，并有益于家畜生产（侯扶江、杨中艺，2006）。但是，Derek W. Bailey 提出，在干旱和半干旱地区，在维护、改善区域和景观尺度上的生态健康方面，及时调整放牧强度的做法优于轮牧和禁牧（Bailey and Brown，2011）。Martin 等的研究表明，当草地基况差时，轮牧可以促进草地植被恢复，而当草地基况好时，这种影响较小（Severson and Martin，1988）。Heitschmidt 等（1987）选择牛作为试验动物在得克萨斯州进行研究，得出以下结论：轮牧和连续放牧对植被环境的影响基本相同，差异主要是由放牧强度不同引起的；另外，放牧季节和放牧制度的不同对植被产生的影响也存在差异。

（四）放牧制度对蒙古草原群落的影响研究

放牧是蒙古草原草场利用的主要方式，因而放牧对草原植物群落的影响成为放牧生态学研究的最核心内容之一（韩国栋等，

2005；Conte and Tilt，2014）。

众多国内外学者在蒙古草原放牧制度对草原植被群落的影响方面开展了大量研究。卫智军等（2000）分析了蒙古荒漠草原不同放牧制度下植物群落的动态变化规律，结果表明，划区轮牧区优势种的密度、高度、盖度以及重要值均高于自由放牧区，而连续放牧区一些退化植物、一年生植物、杂类草在草群中的高度、盖度、密度有所增加。杨静等对短花针茅荒漠草原划区轮牧与连续放牧条件下主要植物种群的繁殖特性进行了比较分析，结果表明，划区轮牧方式与连续放牧方式相比更有利于短花针茅生殖枝的形成，能够产生较多的种子，并且划区轮牧有利于主要植物种群实生苗的存活（杨静、巴音巴特，2001）。李勤奋等（2004）通过研究划区轮牧与连续放牧两种制度对荒漠草原植物群落的影响，发现轮牧制度对草群影响较小。韩国栋等（2004）研究了划区轮牧与连续放牧两种不同放牧制度对绵羊摄食和体重的影响，结果表明，连续放牧制度不利于牧草的均匀利用，使草群营养与绵羊体重表现出较大的波动，而划区轮牧能够保持绵羊体重的稳定增长与较高的家畜生产水平。朱桂林（2001）在短花针茅荒漠草原群落进行了不同放牧制度对短花针茅、无芒隐子草、碱韭三个主要植物种群地上生物量影响的比较研究，结果表明，禁牧能够提高群落种群的地上生物量，轮牧与连续放牧相比更有利于种群地上生物量的恢复和提高；此外，通过研究放牧制度对短花针茅荒漠草原群落植物生长的影响，得出轮牧和禁牧区植物生长速度大于连续放牧区的结论。Yintai Na 和 Myagmartseren（2018）对不同放牧制度下大针茅草原群落特征进行了比较研究，结果表明，在适度放牧压力下划区轮牧草地的群落植物种类丰富度和多样性都高于自由放牧，群落内种群数量结构关系比自由放牧复杂，群落植物均匀度下降幅度小于自由放牧。彭祺和王宁（2005）探讨了不同放牧制度及围栏封育对退化草地植被的影响，结果表明，在相同的载畜率条件下，划区轮牧制度通过对放牧利用时间与空间的合理配置，使牧草在频度、盖度、重要值、生物量等方面均比连续放牧有所提高，并且其对草地生态的恢复效果与围栏禁牧相同，最终得出相对最优的放牧方式。Oesterheld 和 McNaughton（1991）等以草甸草原家庭牧场为对象，研究了不同放牧制度对群落物质动态变化规律及植物补偿性生长的影响，结果表明，划区轮牧较自由放牧更能提高现存量、生长量和生产力。武新等（2005）关于宁夏干旱草原不同放牧方式对植被特征影响的研究表明，实行六区的划区轮牧方式是科学利用该类草地的最佳方式，轮牧比对照草地的生产力有所提高。

综上所述，近年来，精细放牧管理成为国内外放牧生态学研究的焦点，其中，轮牧和连续放牧是研究热点，主要利用放牧控制实验来探讨轮牧和连续放牧的优缺点。虽然放牧控制实验操作性强，但仍存在如下问题：①基本选择生长季，很少考虑四季轮牧；②单独使用一种牲畜开展的研究较多，缺乏对几种牲畜综合效应的考虑；③空间范围小，时间跨度短；④仅对放牧和休牧时间进行简单控制，缺乏考虑放牧经营者根据气候条件和草场状况对放牧生产的有效调控。

蒙古国和我国内蒙古自治区共同占据着蒙古草原的主体部分。鉴于蒙古草原在自然地理上的整体性和之前放牧制度的一致性，以及后续两国不同放牧制度（蒙古国的划季节轮牧、我国内蒙古自治区的定居连续放牧）的实施对相同的草原植物群落产生了较大差异，中蒙跨境地区成为草原生态系统对不同放牧干扰响应差异研究的理想场所（萨娜斯琴等，2010）。然而，由于地域广阔、国界分割、交流障碍和环境艰苦等诸多原因，当前对蒙古高原资源环境的研究仍缺乏深度，尤其缺乏系统全面的科学考察、材料积累以及不同尺度区域空间分布格局、分异规律及深入的驱动和响应研究。一方面，大多数研究主要集中在我国内蒙古地区，对于蒙古国境内的研究相对较少，研究内容主要聚焦于大气环流形势、历史气候变化、沙尘天气及一些特定植物物种区系分布、植物生理微形态学、种属分支系统演化等领域。此外，还有一些关于高原植被生长和健康状况分布格局、长时间序列植被参数对气候变化响应、局地土壤风蚀速率测量、区域风蚀危险度评估等研究（刘纪远等，2007）。植物学家的分析通常缺乏对蒙古高原总体分异规律的刻画，而地理学家的大尺度分析则在第一手数据支持方面略显不足。另一方面，在目前大多数关于草原植被特征的研究中，由于生态系统的层次性和复杂性，研究人员在不同地区、不同尺度上关于草原植物物种数量、生物量与环境因子间关系的认识并不统一（巴图娜存等，2015）。典型草原是蒙古草原中分布最广、最具有代表性的草原类型，其在生态学上具有自身的独特性，其特殊的种类组成、群落类型及结构和功能也显示出该生态系统的脆弱性。由于自然因素和人为因素的影响，以放牧利用为主的典型草原退化程度和退化速度都在增加，对典型草原植被的研究有利于保护蒙古草原草地资源，维持草地畜牧业的稳定发展。

在内蒙古地区开展的相关研究主要集中在不同放牧梯度条件下植物群落的变化过程（肖绪培等，2013；丛日慧等，2017）。但是，针对典型草原不同放牧方式对植物群落多样性的影响过程而进行的全面深入的研究甚少，尤其当前很少有学者对蒙古草原跨境地区开展研究。有关不同放牧制度的研究重点多着眼于通过站点尺度的控制性实验来分析放牧干扰对于植被群落的影响（李永宏和阿兰，1995；张树海，2006；杨霞等，2015），而缺少不同放牧制度对自然状态下植物群落影响差异的研究，尤其缺乏样方—样带—群落—区域等多尺度和实现遥感—地面、自然—社会集成的定量分析。

今后开展的研究应以草原生态系统发展规律为基础，以追求生态保护与经济平衡发展为目标，把草原退化和系统破坏降到最低程度。因此，开展符合草原地理环境特征的基础科学和应用研究已迫在眉睫。

三、研究背景与意义

（一）研究背景

在内蒙古自治区实施连续放牧制度的近30年来，放牧协同全球变化对内蒙古草原退化的影响日趋严重，导致草原生态系统的平衡与稳定受到严重干扰与破坏，进而使草原的服务价值明显降低，畜牧业经济萎缩，并由此衍生出了很多社会问题，甚至形成系统的贫困陷阱，如何破解这一困局已经成为各级政府和有关学者需要解决和考虑的首要问题。

目前，学术界和社会各界关于蒙古草原尤其是内蒙古草原生态环境迅速整体恶化的原因有很多观点，其中，除了全球气候变化这一原因之外，主流观点是“超载过牧”，因而提出实施“草畜平衡”和“迁出人口”的办法，以实现牧区人地问题关系协调。

相关研究表明，与20世纪60年代初期相比，21世纪内蒙古自治区多数草原的理论载畜量下降一半，而实际载畜量超过理论载畜量的时间在20世纪90年代末。也就是说，在没有超载过牧的情况下，内蒙古牧区草原理论载畜量持续下降30多年，导致这一现象发生的原因是什么？显然，除了“超载”以外的其他重要原因也可能导致草原退化。此外，导致蒙古草原生态环境迅速整体恶化的原因究竟是什么？恶化机制是什么？如何协调内蒙古地区人与自然的关系？这些都是自然和人文因素相互联系、制约和互动的复杂过程，是一个科学问题，具有重要的理论与实践意义。笔者试图通过对中蒙边境进行对比研究，探索性地揭示蒙古草原生态环境迅速整体恶化的原因及其机制，并提出科学的调控对策和建议。

（二）研究意义

在对蒙古牧区这样一个生态系统极度脆弱，却具有几千年人与自然和谐发展的历史，而现代又遭到严重破坏的特殊生态系统进行实证研究时，从蒙古国与内蒙古自治区不同放牧制度下的草原环境的比较研究中有可能获得突破性的理论成果。包括内蒙古自治区在内的整个蒙古高原的草原生态屏障是亚洲民族几千年来得以生存发展的重要生态保障，也是今后生存发展的重要生态屏障。协调蒙古高原人地关系，重建蒙古高原人地系统良性运行机制，实现蒙古牧区可持续发展，是整个地球生态安全根本利益所在。因此，研究蒙古牧区不同放牧制度对草原的差异影响具有十分重要的理论和实践意义。

四、研究内容与目的

（一）研究内容

第一，植被群落多样性的研究。采用多样性指数法比较分析蒙古高原典型草原区不同放牧制度下植被群落多样性变化，探讨引起植物多样性、草地生产性能、草原状况变化的主要原因。

第二，主要建群植物优势度的研究。对主要建群植物进行植物优势度测定分析，利用统计学方法分析比较中蒙两国典型草原不同放牧制度对其主要植物种（建群种）、优势种和一年生杂类草的优势度产生的影响。

第三，蒙古高原典型草原植物功能群特征的研究。功能群多样性变化能更加有效地反映草原植被变化。从功能群角度比较中蒙两国典型草原植被群落，为植被群落在不同放牧制度下的变化趋势提供了判断依据。

第四，蒙古高原典型草原生态系统稳定性评价研究。在分析植被群落盖度、优势度以及多样性的基础上，采用 M. Godron 稳定性测定方法，对中蒙不同放牧方式下典型草原生态系统的稳定状况进行评价。

第五，计算研究区时间系列的植被 NDVI，分析中蒙和边境区不同放牧制度下的植被动态变化，为分析草地生态系统动态变化的原因提供依据。

（二）研究目的

本书的研究旨在阐明蒙古高原放牧制度演变和放牧生态系统的差异；阐明蒙古高原不同放牧方式下典型草原草地的生产性能和草地稳定状况的差异；阐明蒙古高原不同放牧制度下典型草原植被生物多样性和植物功能性特征的差异；阐明蒙古高原不同放牧方式下的典型草原植被演替趋势；探讨植被退化原因，分析中蒙两国不同放牧制度对蒙古高原草原生态系统的影响；促进草原生态学、地理学、经济管理学、遥感和空间学结合，促进草原环境多学科交叉研究。

第二章

研究区域

一、蒙古高原概况

（一）自然条件

1. 地理位置

蒙古高原（Mongolian Plateau）经纬度范围为37° 24′~53° 23′ N、88° 43′ ~126° 04′ E，处于亚洲大陆中部，东西延伸长，南北跨度大，东起大兴安岭，西至阿尔泰山，以萨彦岭、雅布洛诺夫山脉为北界，阴山山脉为南界，其面积约200万平方千米。蒙古高原包括蒙古国全境，俄罗斯南部的布里亚特共和国、图瓦共和国，中国西北部、新疆维吾尔自治区部分地区与内蒙古自治区全境。本书选取了蒙古高原的主体部分——蒙古国和中国内蒙古自治区作为研究区（见图2-1）。

2. 地貌

部分研究认为，蒙古高原的隆升与欧亚板块和印度板块的碰撞有关，是青藏高原隆升的副产品，其主要隆升时间集中在近1000万年（闻正，2015）。

蒙古高原平均海拔1580米，大部为古老台地，地势自西向东逐渐降低。蒙古高原的东部边缘是大兴安岭，东北至西南方向绵延1400千米。蒙古高原南部边缘为阴山山脉和贺兰山，阴山山脉是从东至西走向的复式褶皱断层山地，东西绵延千余公里，主体部分是大青山，丘陵和低山所组成的阴山山脉是蒙古高原太平洋流域与内陆流域的分水岭，并且是蒙古高原自然景观和我国北部森林区的天然界线。阿拉善高原东缘的山地为贺兰山，南缘还有祁连山山脉、北山和河西走廊分布。蒙古高原西缘是西北东南方向延伸的蒙古阿尔泰山脉，平均海拔 3000~3500 米，是蒙古高原上最高的山地，成为了额尔齐斯流域边界。

蒙古国阿尔泰山脉向东延伸至蒙古高原中部地区的戈壁阿尔泰山脉，它由平行走向的蒙古国肯特山脉和杭爱山脉组成，这两座山脉构成了北冰洋流域和亚洲大陆内陆流域的分水岭。蒙古国杭爱山脉的北侧矮山群及其以北的高地与东萨彦岭山及唐努乌拉山相连，中间形成了以库苏古尔泊为中心的陷落盆地。

3. 气候

蒙古高原冬季受西伯利亚—蒙古高压的影响，干燥寒冷，同时又是纬向环流必经之路，西风环流极为活跃；夏季受东亚夏季风的影响，高温多雨（丹丹，2014）。蒙古高原降水量远小于蒸散量，大部分为干旱、半干旱区，属于温带大陆性气候，冬冷夏热。降水主要发生于 5~10 月，其降水量占年降水量的 90% 以上。由于高原的东部和北部受太平洋和北冰洋的水汽影响，降水量由东向西和由北向南逐渐减小；而气温呈相反变化特征，自高原西南部地区向高原东北部地区呈逐渐降低的趋势；太阳总辐射量的分布与气温呈现相同的特征，南部的阿拉善地区年总辐射量约 160 $Kcal/cm^2$，而东北部与北部山区的全年总辐射量为 120~130 $Kcal/cm^2$。大兴安岭及杭爱肯特山区北部的湿润度为 0.5~0.8，阿拉善地区的湿润度为 0.03~0.13，其余的中间地区的湿润度为 0.13~0.5。蒙古高原不同年份降水量的变幅极大，且区域内降水量分布极不均匀。年平均气温为 −6.6℃ ~3.9℃，极端高温 40℃，极端低温 −52℃，绝对温差可达 90℃，日气温差可达 20℃ ~30℃。小地域的气候随着海拔的变化和山地的分布而变化，全年中多数天为晴天，大气干燥，以降水稀少为主，蒙古高原季节变化非常明显，冬季寒冷漫长，春季风大，夏季炎热，秋季凉爽，夏、秋季相对湿润。

蒙古高原气候类型自东南向西北依次为湿润及半湿润气候、中部半湿润及半干旱气候、西北部半干旱及干旱气候（秦福莹，2019）。

蒙古高原东部及东南部降水水汽来自于太平洋，降水量由东北的400~600mm、南部和东南部的300~400mm，向北、西北减少到100~200mm；在中蒙边界，降水量在200 mm左右。高原北部（蒙古国）降水的水汽主要来源于北冰洋，降水量由北部的300~400mm向南减少到100~200mm。

4. 水文

蒙古高原水系主要分属于北冰洋流域、太平洋流域和亚洲中部内流流域。杭爱山脉和肯特山脉是北冰洋的河流发源；太平洋流域的河流，流经肯特山脉、蒙古高原东部平原以及大兴安岭支脉和山前地带；亚洲中部内流流域包括肯特山的部分地区和杭爱山、戈壁阿尔泰山、戈壁荒漠、蒙古阿尔泰山。土壤的高度透水性促进了蒙古高原山前地带和山地潜水的形成，因此该地区的河流具有较高潜水补给的特点。

5. 土壤

栗钙土和黑钙土是蒙古高原的主要土壤类型，干旱地区发育有棕钙土，在极干旱地区发育有灰棕漠土。大兴安岭和阴山山脉主要分布漂灰土及有灰色森林土，在山前丘陵地区黑土广泛发育。

栗钙土大面积分布在蒙古高原东部平原与东南部地区。丘间宽谷和丘坡下部以暗栗钙土为主，河流滩地上有草甸土大面积分布。草原带东南部由风沙土与沙质草甸土组成。中部的湖谷地、东戈壁与乌兰察布高原上广泛分布棕钙土。阿尔泰戈壁和阿拉善地区广泛分布着灰棕漠土、灰漠土和风沙土。

6. 植被

不同气候带培育了不同生态系统和植被类型区。广阔的半干旱气候带形成了荒漠草原植被类型，极干旱气候带形成了荒漠植被类型，半湿润气候带形成了森林、草甸草原和草原的植被组合。山区树林主要由云杉林和落叶松林构成，在东北的大兴安岭及南部的阴山山脉上还分布有次生白桦林。在山前沟谷和丘陵地区中广泛发育草甸草原植被。蒙古高原东部与东南部广阔的平原区连续分布大面积的大针茅草原、羊草草原和克氏针茅草原。烁石质山坡上分布着贝加尔针茅草原和线叶菊草原。在河流滩地上分布着典型草甸与盐化草甸植被。

沙地中榆树疏林、云杉林、樟子松林、锦鸡儿灌丛、草甸、沙蒿、沼泽、柳属灌丛等草甸植被、沙生植被广泛分布。受气候特别是受降水的影响，植被覆被由北向南依次跨越森林、森林草原、典型草原、荒漠草原、戈壁荒漠、典型草原和农牧交错区（非自然格局）。

7. 自然资源

蒙古高原自然资源非常丰富，除了辽阔的草原、荒漠、戈壁之外，还广泛分布有森林和多种矿物质资源。2016 年，蒙古国森林面积 15 万公顷，占国土面积的 9.6 %，其中西伯利亚落叶松约占 73%，雪松占 11%，其他树木占 6.5%，整体木材储量约 130 亿立方米。蒙古国的河流和湖泊具有 50 多个原生种鱼类。蒙古高原最丰裕的资源是矿物质，矿产品覆盖 46.50 万平方千米，占领土的 30%。2016 年，被登记的蒙古国矿产资源有 80 种矿物的 1170 个矿床，包括煤、萤石、铜、铁矿石、金、铝、铅、石油、锡、磷酸盐、铀、钨等。

内蒙古自治区地域辽阔，煤炭资源极其丰富，全区累计探明储量已居全国第一位，截至 2016 年，内蒙古自治区共勘察含煤盆地 103 个，累计探明储量 8080.65 亿吨。内蒙古自治区生产供应全国 1/4 的煤炭资源，对国民社会经济发展做出了巨大贡献。内蒙古自治区煤炭资源有四大优势：首先，多数煤田的储量大、煤层厚、埋藏浅、构造简单、赋存稳定，适宜露天开采和大型机械化开采，煤炭开采成本是全国最低的。其次，煤质、煤种优良。有低硫、低磷、低灰、高发热量的阿拉善盟优质无烟煤“太西煤”，有特低磷、特低硫、特低灰的鄂尔多斯优质不黏结煤“乌兰煤”，褐煤等其他煤种也是良好的动力、化工用煤。再次，产业延伸优势。煤炭产品通过化学或物理的方法，可成为一种具有高附加值的工业原料。高效烟气脱硫、洗选、煤炭液化、煤制油等技术的日趋成熟，使以煤为主的煤转化产业有广阔的发展前景。内蒙古煤化工产业虽然尚处于起步阶段，但煤种、资源优势和地域使其在国内占有举足轻重的地位，可以说其煤化工的发展已事关国家煤化工产业发展全局。最后，人力资源优势。内蒙古自治区煤炭产业经过几十年的开发建设，拥有从煤炭勘探、设计、施工建设、生产到科研的优秀专业人才队伍，具有开发和建设煤产业的人力资源优势。在目前和将来某一个时期，煤炭作为主体能源在我国能源结构中占有不可替代的重要地位。

（二）社会经济概况

1. 蒙古国概况

蒙古国国土面积为 156.65 万平方千米，是仅次于哈萨克斯坦的世界第二大内陆国家，也是世界国土面积第十九大国家。

蒙古国大部分国土被草原覆盖，可耕地较少。南部为戈壁沙漠，北部和西部多山脉。蒙古国国民经济的支柱产业是草原畜牧业，约 40% 的人口从事放牧业。蒙古国过去是宏观计划经济体制下的农牧业合作社，天然草场的利用与保护方式均在某一程度的计划下进行，包括长途迁移、移场、借场等。转入市场经济体制之后的蒙古国，对天然草场的利用与保护方式没有做出大的变革。矿业、农牧业、交通运输业以及服务业等是蒙古国的主要产业，1991 年开始向市场经济过渡。政府为了使私营经济成分在国家经济中占主导地位，1997 年 7 月制定和实施了《1997~2000 年国有资产私有化方案》。如图 2–1 所示，蒙古国国内生产总值（GDP）近 20 年来基本保持持续上涨的趋势，2016 年 GDP 为 239428 亿图格里克（约合人民币 737 亿元，按 2016 年平均汇率计算），是 2000 年的 19 倍。期间国内生产总值在 2009 年的增速最小，比 2008 年多 350 亿图格里克。如图 2–2 所示，蒙古国国民总收入和国民人均总收入变化趋势与国内生产总值基本一致，2009 年增速最小，与 2008 年对比增长 0.5%，2011 年增速最快，与 2010 年对比增长 35%。国民总收入从 2000 年的 12185 亿图格里克增加到 2016 年的 219711 亿图格里克（按当年汇率计算约合人民币 676 亿元）；国民人均总收入从 2000 年的 509.7 千图格里克图格里克增长到 2016 年的 7113 千图格里克图格里克（约合人民币 21918 元），20 年增长了 19.7 倍。

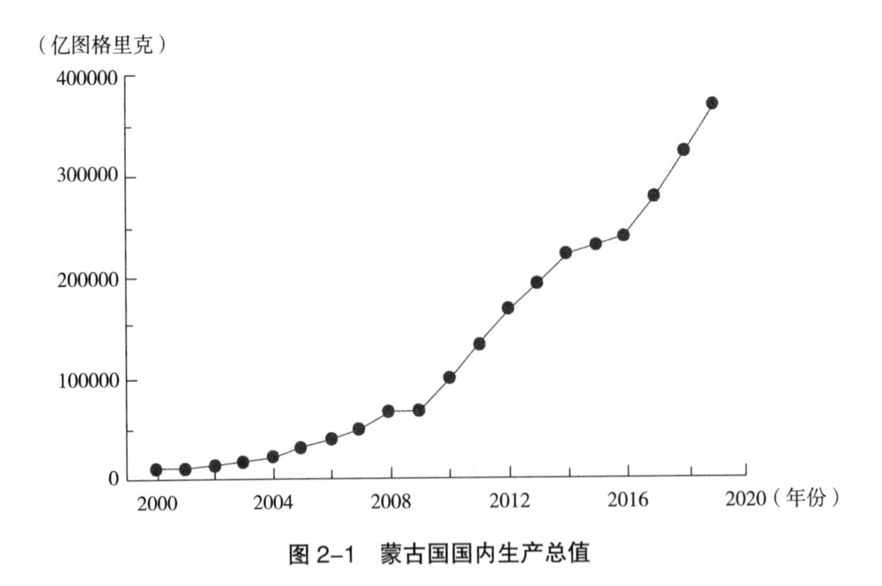

图 2–1　蒙古国国内生产总值

资料来源：http://www.nso.mn/.

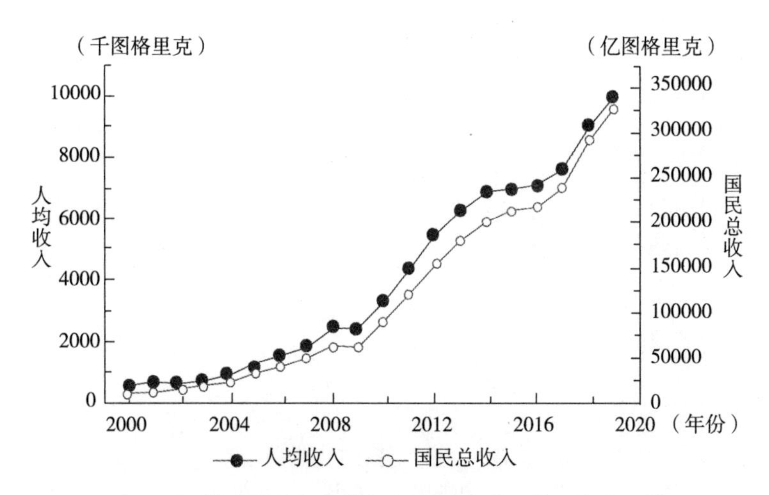

图 2-2　蒙古国国民总收入与国民人均总收入变化趋势

资料来源：http://www.nso.mn/.

如表 2-1 所示，蒙古国 1918 年的人口为 64.8 万，2019 年增长到 329.7 万，其中女性 167.7 万，男性 162 万，1918~2019 年增加了 264.9 万人口，每年净增长约 2.6 万人口。人口规模小、地广人稀是制约蒙古国社会经济发展的重要因素。

表 2-1　1918~2019 年蒙古国总人口变化　　单位：万人

年份	1918	1935	1944	1956	1963	1969	1979	1989	2000	2010	2019
总人口	64.8	73.88	75.98	84.6	101.7	119.8	159.5	204.4	237.4	275.5	329.7

资料来源：http://www.nso.mn/.

如图 2-3 所示，近 20 年来，蒙古国城镇人口占总人口的比例稳步上升，但是农村人口占总人口的比例总体上呈下降趋势。农村人口数量从 2000 年的 104.2 万人减少到 2019 年的 103.8 万人，城镇人口从 2000 年的 136.1 万人增加到 2019 年的 225.9 万人。2016 年农村人口约 98.8 万，城镇人口为 213.1 万，人口城镇化和人口自然增长率的提高加大了城镇人口压力。

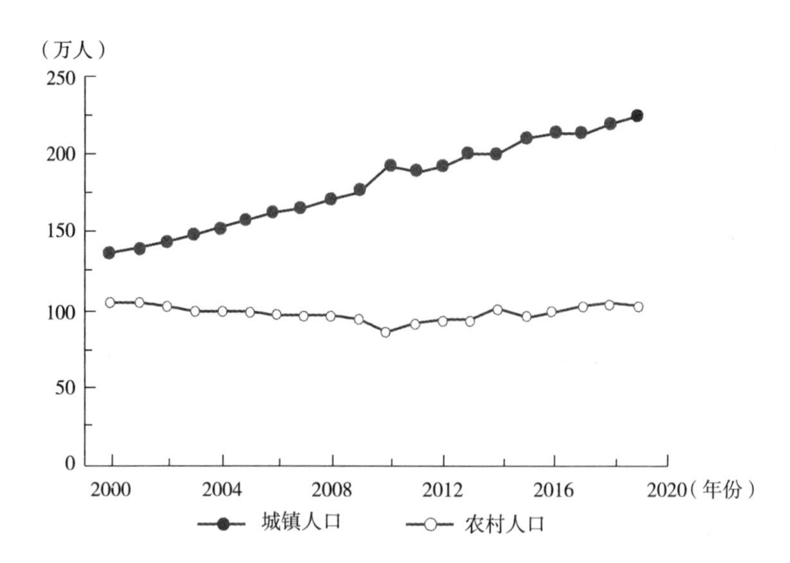

图 2-3　2000~2019 年蒙古国城镇人口与农村人口变化趋势

资料来源：http://www.nso.mn/.

如表 2-2 所示，1970~2018 年蒙古国的牲畜总数总体上呈上升趋势，2018 年牲畜总数达到 6646.02 万头（只），其中绵羊、山羊、牛、马和骆驼的比例分别为 46%、40.8%、6.6%、5.9%、0.7%；牲畜总数比起 1970 年的 2048.9 万头（只）增加了 4597.1 万头（只），年均增长率为 224%。虽然蒙古国的牲畜总数在增加，但是蒙古高原有“无年不灾、一年多灾”之说，极端天气和气象灾害频发，给当地畜牧业发展带来了巨大损失。据国际货币基金组织报告，1999~2003 年由于干旱和白灾损失了 820 万头（只）牲畜（Tachiiri et al.，2008），2010 年牲畜死亡率高达 23.4%（Du et al.，2017）。无论是中国内蒙古自治区还是蒙古国，旱灾和雪灾给蒙古高原牧民生产带来很大冲击，成为影响社会经济发展的重要因素。

表 2-2　1970~2018 年蒙古国家畜数量变化

年份	马（匹）	牛（头）	骆驼（头）	绵羊（只）	山羊（只）
1970	231900	2107800	633500	13311700	4204000
1980	1985400	2397100	591500	14230700	4566700
1998	3059100	3725800	356500	14694200	11061900
1999	3163300	3824800	355600	15191300	11033700
2000	2660800	3097600	322900	13876300	10269800
2001	2191800	2069600	285200	11937300	9591300
2002	1988900	1884300	253000	10636600	9134800
2003	1968900	1792800	256700	10756400	10652900
2004	2005300	1841600	256600	11686400	12238000
2005	2029100	1963600	254200	12884500	13267400
2006	2114800	2167900	253500	14815100	15451700
2007	2239500	2425800	260600	16990100	18347800
2008	2186900	2503400	266400	18362300	19969400
2009	2221300	2599300	277000	19274700	19651500
2010	1920300	2176000	269600	14480400	13883200
2011	2112900	2339700	280100	15668500	15934600
2012	2330428	2584621	305835	18141359	17558672
2013	2619377	2909456	321480	20066428	19227583
2014	2995754	3413851	349299	23214783	22008896
2015	3295336	3780402	367994	24943127	23592922
2016	3635489	4080936	401347	27856603	25574861
2017	3939813	4388455	434096	30109888	27346707
2018	3940092	4380879	459702	30554804	27124703

资料来源：蒙古国国家统计局网站，http://www.nso.mn/.

蒙古国地处亚洲中部，平均海拔高度约 1600 米，是典型的内陆高原国。农牧业是蒙古国的经济基础，2016 年蒙古国国民生产总值（GDP）的 17.6% 来自于农牧业，而农牧业产值中的 82.7% 又来自畜牧业。蒙古国 2016 年耕地面积仅有 50.8 万公顷（见图

2–4），只占国土面积的 0.3% 左右。可耕地主要分布在水分条件相对较好的色楞格河（Selenga）及其支流鄂尔浑河（Orhon）和克鲁伦河（Herlen）流域所在的色楞格省（Selenge）、中央省（Tuv）、东方省（Dordon）和布尔干省（Bulgan），这几个省的耕地面积之和约占全国耕地面积的 82%。在南部的沙漠和戈壁地区如东戈壁省（Dornogovi）、中戈壁省（Dundgovi）、南戈壁省（Omnogovi），及西部山区如巴彦乌列盖省（Bayan-Olgiy）、扎布汗省（Zavhan），耕地面积都低于总耕地面积到 1%。种植的作物中谷物以耐寒、耐旱的麦类为主，还有少量的大麦和燕麦；马铃薯和蔬菜种植面积约占耕地面积的 3%，蔬菜品种以生长期较短的芜菁、胡萝卜为主，其次还有少量的洋葱和黄瓜。

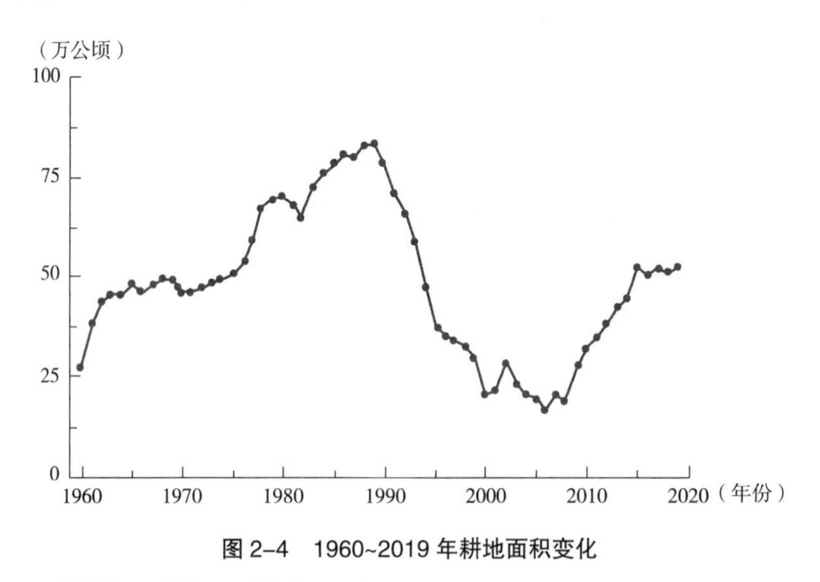

图 2–4　1960~2019 年耕地面积变化

资料来源：蒙古国国家统计局网站，http://www.nso.mn/.

蒙古国矿产资源丰富，部分大矿储量在国际上处于领先地位。2016 年，蒙古国工业产值达 99271.7 亿图格里克（约 305.9 亿元人民币），其中矿产业产值 48172.9 亿图格里克（约 148.4 亿元人民币）。目前蒙古国已进行开采且出口产品的大中型矿主要有：奥尤陶勒盖金铜矿（OT矿）、额尔登特铜钼矿、塔温陶勒盖煤矿（TT矿）、那林苏海特煤矿、图木尔廷敖包锌矿、巴嘎诺尔煤矿、塔木察格油田等。

2. 中国内蒙古自治区概况

有文献指出，中国可利用天然草原的90%已产生不同程度的退化（Kawamura et al., 2005）。内蒙古自治区占地面积118.3万平方千米，占全国总面积的12.3%。内蒙古自治区可利用草原面积为68.18万平方千米，占内蒙古自治区总面积的57.6%，其中覆盖度降低、沙化、盐渍化等中度以上明显退化的草地面积已占75%（希吉日塔娜，2013）。2017年末，内蒙古自治区常住人口为2528.6万人，其中城镇人口为1568.2万人，乡村人口为960.4万人，城镇化率达62%；男性人口为1305.2万人，女性人口为1223.4万人。1953年蒙古族人口为68.3万，占全区总人口的11.2%；2017年蒙古族人口为463.9万，在全区总人口中的占比上升至18.4%，汉族人口由占全区总人口的87%下降至74.4%。据统计，现在会说蒙古语的蒙古族人口约220万，大概占蒙古族总人口的50%（阿如娜，2017）。1953~2017年内蒙古自治区总人口增长1918.6万，年均增长29.5万，年均增长率为315%。1953~2017年内蒙古自治区总人口变化情况如图2-5所示。内蒙古自治区人口的过快增长除与人口的自然增长相关外，更主要的是与中华人民共和国成立以来的几次开垦高潮和各种名目的建设所引起的人口机械变动及其所带来的人口生育相关。例如，中华人民共和国成立后的头30年内，“有计划地移民内蒙古自治区”成为国家人口政策的一个主要特征，内蒙古自治区成为我国第三个重要人口迁入区。1954~1981年，全区净迁入人口约为314万，在1981年中共中央做出“不向内蒙古自治区大量移民”的决定之前，这种来自外省的人口迁入一直在持续（乌兰图雅，2007）。

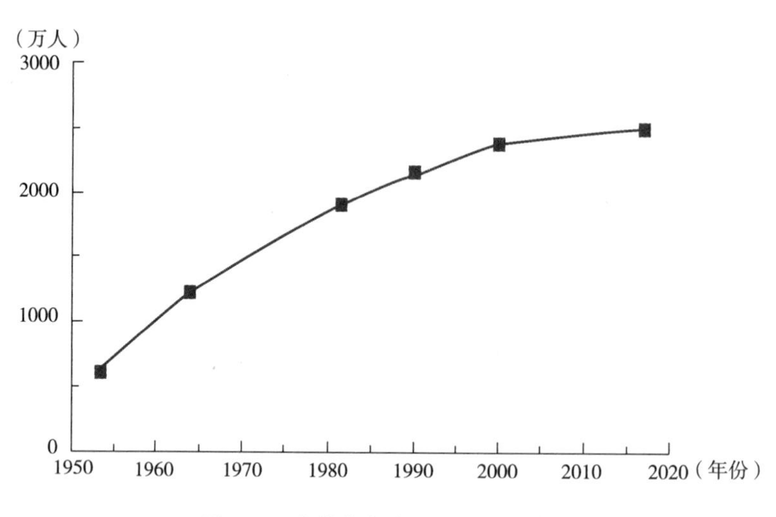

图 2-5 内蒙古自治区人口变化情况

资料来源：内蒙古自治区历次人口普查资料。

如表 2-3 所示，2019 年，内蒙古自治区实现地区生产总值 18632.6 亿元，按可比价格计算，比上年增长 7.2%。其中，第一产业为 1628.7 亿元，第二产业为 9078.9 亿元，第三产业为 7925.1 亿元，三次产业比例为 8.8 ∶ 48.7 ∶ 42.5。第一、第二、第三产业对生产总值增长的贡献率分别为 3.8%、49.0% 和 47.2%。2019 年，内蒙古自治区人均生产总值达到 74069 元，比上年增长 6.9%；全年全体居民人均可支配收入 24127 元，比上年增长 8.1%，扣除价格因素后实际增长 6.8%；全体居民人均生活消费支出 18072 元。

表 2-3 内蒙古自治区生产总值 单位：亿元

年份 生产总值	1978	1995	2000	2005	2010	2018	2019
GDP	58.0	857.1	1539.1	3905.0	11672.0	17289.2	18632.6
第一产业	19.0	260.2	350.8	589.6	1095.3	1753.8	1628.7
第二产业	26.4	308.8	582.6	1773.2	6367.7	6807.3	9078.9

续表

生产总值＼年份	1978	1995	2000	2005	2010	2018	2019
第三产业	12.7	288.1	605.7	1542.3	4209.0	8728.1	7925.1

注：由于四舍五入，可能存在误差。

资料来源：《内蒙古统计年鉴》(2019)。

如图 2-6 所示，1947~2018 年内蒙古自治区牲畜总数总体上呈明显的上升趋势。2018年，内蒙古自治区牲畜总数达到7277.9万头，其中大牲畜 778.7 万头，绵羊和山羊的数量为 6001.9 万只，猪的数量为 497.3 万头，分别占牲畜总数的 10.7%、82.5% 和 6.8%。2018 年牲畜总数比 1947 年的 851.8 万头增加了 6426.1 万头，年均增长率为 754%。内蒙古自治区畜牧业受极端气候和自然灾害影响巨大，例如，1982 年内蒙古自治区因旱灾死亡家畜近 1000 万头（只），死亡率为 24%，1987 年牲畜死亡率达到 38%（乌兰巴特尔、刘寿东，2004）。防灾减灾成为蒙古高原社会经济发展中的头等大事。

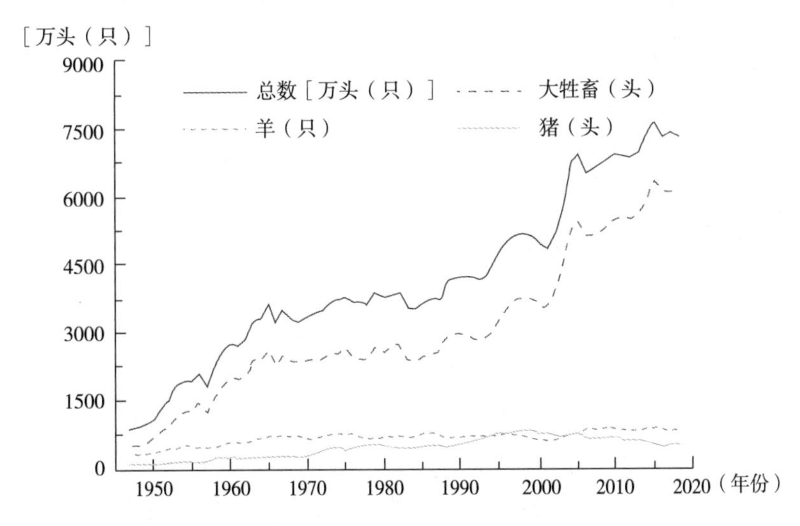

图 2-6　1947~2018 年内蒙古自治区牲畜数量变化情况

资料来源：《内蒙古统计年鉴》(2019)。

耕地面积的变化与人口增长密不可分，中华人民共和国成立以来，内蒙古自治区人口和耕地面积呈快速稳步增长的态势（见图2-7）。2018年内蒙古自治区耕地面积为927.2万公顷，比1947年增加531.3万公顷，是1947年的2.3倍，年均增长率为99.7%。

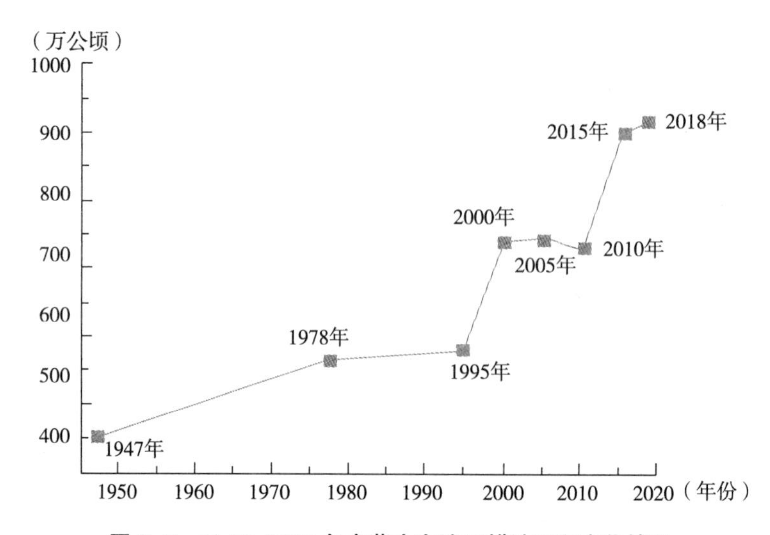

图 2-7　1947~2018 年内蒙古自治区耕地面积变化情况

资料来源：《内蒙古统计年鉴》（2011，2019）。

二、放牧制度演变

（一）蒙古国放牧制度演变

蒙古高原主要的生产方式为放牧，牲畜包括绵羊、山羊、牛、马和骆驼，蒙古人称之为“五畜”。

长距离迁徙是早期游牧畜牧业的一大特征。公元4世纪初，柔然人冬则徙渡莫南，夏则退居漠北，游牧半径不下数公里。公元4世纪末，拓跋鲜卑建立北魏初，仍曾西渡黄河，把它的部众和牲畜迁到千里之外的今河套一带去驻牧（海山，2013）。

约在8世纪中叶，成吉思汗的始祖孛儿帖·赤那和妻子豁埃·马阑勒从今大兴安岭北段向西迁徙，沿着今额尔古纳河，渡过呼伦湖，迁到鄂嫩河的源头驻牧，行程有千余公里。

1206年蒙古汗国建立以后，游牧畜牧业有了长足的进步，草原上有了基本固定的季节营地，按季节营地使用牧场，牲畜随季候内迁，春季居山，冬近则归平原。1247年，张耀卿所撰《边堠纪行》记述说：牧民大率遇夏则就高寒之地，冬至则趋阳暖薪木易得之处以避之（张耀卿，1936）。

1275年，意大利旅行家马可·波罗在其《游记》中写道：鞑人（西方人通常将蒙古人泛称鞑靼人）不定居在一处地方，每逢冬季届临，他们就移居到一个比较温暖的平原，以便为他们的牧畜找一个水草丰盛的草甸；一到夏季，他们迁到山里比较凉爽的地方，那里水草充裕，又可避免马蝇和其他各种吸血害虫侵扰畜牧。他们在两三个月里不断地往山上移，寻觅新的草场（唐锡仁，1981）。直至清朝，由于旗界的固定，远距离移牧的现象不复存在（格·孟和，1996）。

韩光辉认为，“诸盟旗牧区界线的划定，成为我国北方古代游牧民族由随逐水草、往还飘忽的大地域游牧生活方式转变为在有限范围内驻牧生活方式的转折点”（韩光辉，1999）。清初至康熙年间，清政府把北元时期的“万户制”改为“盟旗制”，漠南蒙古地区被划分为6盟49旗以及不设盟的阿拉善厄鲁特部、额济纳土尔扈特部和锡埒图摩伦3旗，共计52旗，各旗间有明确的界线，并且制定严明的法律条文，严禁牧民过界放牧。清政府的“盟旗制度”对蒙古牧区的人地关系格局及其发展走向产生了深远影响。在蒙古地区实行盟旗制度后，蒙古族牧民的游牧生产生活被严格限制在各旗所辖的草场范围之内，传统游牧范围大大缩小和固定下来。

由于对每一个旗—部落的游牧范围制定了严格的规定，所以每一个旗的最肥沃的草场被各旗的王公贵族霸占。这一变化，实际上把包括王公贵族在内的所有牧民的实际游牧距离范围由之前的几百至上千公里收缩到仅仅百公里左右。这种由政治手段强行改变的事实很快改变了牧民的传统畜牧业生产经营方式，充分地把游牧生产方式转变为一种有限游牧生产方式（内蒙古自治区畜牧厅修志编史委员会，2000）。

旗是满族政府在蒙古地区主要的管理部门，旗的面积近似于现在内蒙古自治区的县。如今在蒙古国，旗已经不存在，它们被合并成盟，盟又被划分成苏木。苏木是一个更小的单位，比以前旗的数量多。18 个省被分为 225 个区（苏木），苏木又被依次划分为生产队。集体生产大队总部设有管理部门、学校（寄宿）、医疗设施、兽医、通信、娱乐设施和商店（Timofeev et al.，2016）。

集体生产大队被分成畜牧生产队或组，进一步分成苏日格（Suurig）——由 1~4 个家庭组成的个体单位。牧民们按照合理的路线有计划地在生产大队范围或必要时在苏木范围进行季节性迁移放牧（或草地休牧），另外从放牧草场中分离出来的打草地，被保留并且管理起来（庆沙那，2014）。

（二）中国内蒙古自治区放牧制度演变

两国对草原经营采取了不同放牧制度，蒙古国基本从原来的游牧变为半游牧或四季轮牧，中国内蒙古自治区则从原来的游牧或半游牧变为定居连续放牧，尤其 1990 年开始执行“草场承包到户”政策之后，用网围栏围住自己家的牧民草场，全面实行定点连续放牧（Na et al.，2018）。

1. 失去优质草场，牧民的生存压力加大

从明末清初的战乱和自然灾害等天灾人祸开始，河北、山西、陕西、山东、河南等地大量破产农民移入牧区，大面积草原被开垦，加快了牧区社会经济生态系统结构的演变速度。

近 300 年，内蒙古地区农业人口的增长很快，仅承德府的农业

人口，1781年为55万，1827年增加到78万，1901年达到282万。中部察哈尔和西部鄂尔多斯地区的移民过程与此相类似。据统计，1902~1928年，今内蒙古地区开垦优质草原5700方亩。在失去草场的过程中，相当部分牧民完全变为农民（云和义，1999）。我国人口总数首次突破1亿大关的历史时期是清代，但当时的人口空间分布却很不均衡。1749年（乾隆十四年），山东人口密度已达162.2人/km^{2}时，奉天省的人口密度却为3.3人/km^2（胡焕庸、张善余，1985），而相应时期（1770年）哲里木盟（现在的通辽市）的平均人口密度约为0.86人/km^2（王龙耿和沈斌华，1997）。人口空间分布的不均衡，使人口的自然流动成为一种可能。1902年，清政府在“移民实边”的思想指导下推出了所谓的“新政”。“新政”在内蒙古地区具体实施的主要措施之一就是改变“封禁蒙地”的政策，放垦“蒙地”，通过税收增加国家财政收入，以期支付巨额赔款。这样便全面拉开了开垦“蒙地”的序幕，也引发了又一次流往“蒙地”的移民潮。至清末，哲里木盟总人口已达249.3万人，其中蒙古族人口仅为19.3万人（鲁楠，2018），而1770年（乾隆三十五年）哲里木盟蒙古族人口为18.3万人，约为当时哲里木盟总人口的全部，那么历经百余年“越边”而来的内地农业人口就多达230万；包括开放开垦区在内的清末哲里木盟平均人口密度已经增加到11.71人/km^2（王龙耿和沈斌华，1997）。

大量流民涌入“蒙地”，蒙古地区有了农业，并发展迅速。但至此，牧业旗县的农业仅为游牧经济的一种补充，传统的游牧或四季轮牧制度在草原牧区还是占主导地位。

2. 农业人口增加，向牧区纵深推进

新中国成立初期，内蒙古自治区成为重要人口迁入区之一，1954~1981年，全区净迁入人口约为314万，在同时期内蒙古自治区纯增人口1144万中，迁入人口占28%。这些移民在内蒙古自治区的分布比较广泛，内蒙古自治区南部、东南部尤为典型

（宋乃工，1987）。

第一阶段，在1981年中央政府做出“不向内蒙古自治区大量移民”的决议之前，来自其他省份的人口迁入一直在继续，其中88%的移民迁入于1954~1960年间（于潇，2006）。第二阶段，同样是以大量内地外省人口迁入为主，高速自然生长率为辅，后来的外省农耕区移民和少量之前的移民一起越过南部沙质草原继续迁入内蒙古自治区中部西辽河流域冲积平原。第三阶段，主要是外省人口迁入迁移、研究区境内人口迁移以及人口再生产三者共同作用，重心连续从东南向西北迁移。移民以青壮年居多，这一“迁入”在“人多力量大”和“以粮为纲”思想的引导下，构成了内蒙古自治区后来人口增长和草原退化的坚实基础。新中国成立后，内蒙古自治区曾经历过（或正在持续）第4次垦荒高潮，前3次各为新中国成立初期的经济恢复时期、三年困难时期、十年动乱时期，共开荒250多万公顷（包玉海，1999）。由于“开荒”是相关政策下有组织的运动，因此波及面非常广，在内蒙古自治区，下到旗县、上到自治区，都出现了耕地面积急剧增长的局面。从哲里木盟的耕地面积变化（阎传海和徐科峰，2000）可以看到，20世纪50年代中期至60年代中期的10余年，是科尔沁近50年中耕地面积增加的第一个高峰期，也是近50年中的最高纪录。1960年，哲里木盟耕地面积曾达到63.5×10^4公顷，比新中国成立初期增加32%，约占该盟总土地面积的11%。在哲里木盟，除了仅有的西辽河平原外均为固定、半固定沙丘区，开荒高峰时期的垦殖已经推进上述地段，民国时期已放未垦的荒地和牧场遭到开垦。随着20世纪80年代后期开始的第4次垦荒高潮的到来，耕地面积又开始回升。1996年，该盟耕地面积达到63.5×10^4公顷，比新中国成立初期又高出10%。在草原上，裸露的土地极易沙化。据研究，在内蒙古自治区牧区“开垦一公顷草地可引起周围3公顷草地沙化”，因此，草原的大规模开垦又直接导致草原的大规模荒漠化，草原的开垦及其沙化使牧民游牧的草场越来越小，被迫由游牧转变为连续放牧或农牧兼营，甚至完全从事农业生产（乌兰图雅和张雪芹，2001）。牧区人口中汉族人口比重迅速上升。“根据33个牧区旗人口统计资料，1950~1980年的30年间，每年增加人口大约9万人。1950~1980年，阿拉善蒙古族人占总人口的比重由56%下降到22%；锡林郭勒盟蒙古族人口占总人口的比重由90%下降到28%。1949~1985年，内蒙古自治区草原面积减少了1.38亿亩，牧区的北部地区虽然还有四季草场，游牧范围却只有方圆几十公里，而牧区南部地区根本无法游牧（敖仁其和达林太，2003）。

总之，由于清朝政府实行的政治体制带来的传统畜牧业生产方式的变化和失去草场导致的生存压力的增加等因素的长期综合作用，在两百多年的时间内，内蒙古自治区生产方式从游牧变为有限的游牧再变为四季轮牧，最后由连续放牧变为半农半牧甚至纯农业的不在少数。但是，蒙古草原地域辽阔，内蒙古自治区北边及牧区中心区的这一变化晚半个世纪。

3.“草场承包到户”——牧区放牧制度的根本变化

1983年开始实行“草畜双承包”政策，牧民当时非常拥护，毕竟在一夜之间就拥有了自己的牲畜和草场，成为真正意义上的主人。在人口众多、草场狭小的地区，实行“牲畜作价，归户承包”政策的一个必然结果就是牲畜多的牧民与牲畜少的牧民之间发生了使用草场上的不公平问题。1986年以后，阿鲁科尔沁旗、巴林右旗、镶黄旗、鄂托克旗、乌拉特中旗等人多草场少的地区相继进行了草场有偿承包的试点。1989年9月1~5日，自治区人民政府在阿鲁科尔沁旗召开全区草牧场有偿承包使用现场会议，现场参观学习阿鲁科尔沁旗的做法和经验，交流各地的情况，确立和推广草牧场“承包到户，有偿使用”制度。该制度与“牲畜作价，归户承包”的政策统称“草畜双承包”责任制。1990年1月，自治区党委、自治区人民政府《关于进一步深化农村牧区改革的意见》指出："在今后三五年内，把牧区草牧场有偿承包使用的制度建立起来。"据统计，1994年全国已有25个省、市、自治区约7200公顷草地上落实了不同形式的有偿承包责任制，占全国可利用草地的32%。

1994年9月6～10日，国家农业部畜牧兽医司在内蒙古自治区阿鲁科尔沁旗召开全国落实草地有偿承包使用现场会议，参加会议的有内蒙古自治区、青海省、新疆维吾尔自治区等28个省、市、自治区。会议对阿鲁科尔沁旗的经验给予高度评价，要求全国各地"将这次现场会作为推动落实草地有偿承包责任制的新起点，加大工作力度，力争在较短的时间内有较大进展"，并指出："阿鲁科尔沁旗落实草地有偿承包的实践中，创造、总结和积累了比较完整、比较成熟的实践经验，值得今后各地在工作中研究借鉴。"

1994年10月27日，法国《欧洲时报》刊出《中国全面推行草地有偿承包，改变畜牧业掠夺式经营方式》的报道，着重介绍了中国农业部召开的现场会议，会议决定在全国4亿公顷草牧场上推广内蒙古自治区阿鲁科尔沁旗有偿使用草牧场的经验，力争用三四年时间，在全国基本落实草地有偿承包责任制。至此，"草畜双承包"制度在全国牧区确立并全面推广，同时，传承几千年的游牧制度在中国寿终正寝，草原游牧畜牧业变为人定居、畜连续放牧。

"草畜双承包"制度在调动牧民积极性方面的确产生了明显的效果，主要表现在以下两个方面：一是牲畜头数迅速增长。以内蒙古自治区主要牧区锡林郭勒盟为例，1949~1966年，全盟一直以牲畜头数达到千万头（只）为奋斗目标，却始终未能实现。而自1983年牲畜承包到户，到1989年，仅仅6年时间，全盟牲畜总头数就突破了"千万"大关，圆了几代人的梦。二是牧民基本建设的积极性达到空前的程度。从20世纪80年代初开始，在政府的项目与政策的引导下，网围栏这一新生事物入驻草原，后来，牧民又开始建房、建棚圈、打深水井、建饲料生产地等。到90年代末，锡林郭勒盟 90%以上的牧户完成基本建设，内蒙古自治区牧区的牧民基本实现定居。

（三）中蒙两国放牧制度比较

内蒙古自治区“草场承包到户”政策是依据因地制宜的原则进行草场承包，在划分草场承包面积时，以村为单位，根据人口、牲畜数量、草场等级、放牧习惯等因素，提出合理的户均承包面积，经村委会讨论通过后，集体草场由村民委员会承包给牧户，草场承包经营期限一般为 50 年。而蒙古国轮牧是牧民根据草场状况和季节变化，进行四季或三季或两季轮换放牧。

蒙古国四季轮牧方式是蒙古牧区的草地公有、家畜私有的管理制度。其四季轮牧方式是牧民根据季节气候条件、牧草场的条件、水源和牲畜的食草习性等因素在自己草场范围内进行四季轮换放牧。四季轮牧与轮牧有所区别，一是草场没有围栏进行隔离；二是轮牧的放牧时间和休牧时间主要根据地理条件、季节变化、降水、草场和牲畜状况来灵活确定，不像四季轮牧（RG）的放牧时间和休牧时间是机械固定的；三是不同季节利用草场（如夏季和冬季）有一定距离，一般为 10~30km 的范围。

中蒙两国放牧制度演变比较如表 2–4 所示。

表 2–4　中蒙两国放牧制度演变比较

制度	蒙古国		内蒙古	
	1958~1990 年	1990 年到现在	1978~1990 年	1990 年到现在
牲畜所有制	公有制	私有制	私有制	私有制
草场所有制	公有制	公有制	公有制	私有制
放牧制度	四季轮牧	四季轮牧	四季轮牧	连续放牧

三、实验场所概况

实验场所位于中蒙跨境区的温性典型草原，行政上隶属于蒙古国苏赫巴托尔省纳兰苏木和中国内蒙古自治区锡林郭勒盟阿巴嘎旗那仁苏木（见图 2-8），均属于纯牧区，两者植被类型、气候、地形、土壤、生产方式（放牧）和载畜率基本一致。土壤为淡栗钙土，腐殖层厚 5~10cm，1971~2016 年平均年降水量 220.6 ± 65.2mm，60%~80% 的降水集中在牧草生长的旺季（7~9 月），蒸发量为 1505 ± 45.4 mm（见表 2-5）。

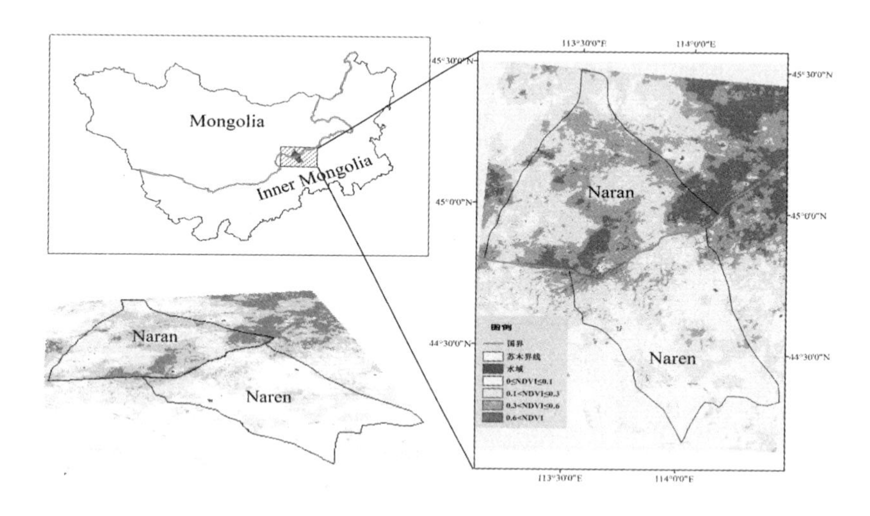

图 2-8　研究区示意图

研究区以大针茅（*Stipa grandis*）、羊草（*Leymus chinensis*）为建群种，寸草（*Carex duriuscula*）、克氏针茅（*Stipa sareptana*）、冷蒿（*Artemisia frigida*）、尖头叶藜（*Chenopodium acuminatum*）、糙隐子草（*Cleistogenes squarrosa*）、多根葱（*Allium polyrhizum*）为优势种。野外调查数据显示，中蒙跨境地区典型草原植物共有 16 科 44 种。通过对不同放牧制度的比较发现，四季轮牧区物种组成（38 种）最丰富，连续放牧区次之（35 种），禁牧区最少（29 种）（见表 2-6）。

表 2-5　研究区生态因子

生态因子	纳兰苏木	那仁苏木
平均气温（℃）	1.41a	1.03a
年平均降水量（mm）	216.80（a）	224.49（a）
海拔高度（m）	1356.21a	1346.39b
年平均蒸发量（mm/y）	1505.14a	1498.52a
平均放牧率（sheep unit/km^2）	42a	50a
土壤类型	栗钙土	栗钙土
土壤湿度（VWC）	7.5%a	6.9%b

注：同列不同字母差异显著（P<0.05），锡林郭勒盟气象局和蒙古国国家气象中心提供了气象资料。小写字母表示 5% 水平的显著差异。载蓄率＝样方所在草场主人的全牲畜头数 / 全草场面积，牲畜数据和草场面积要通过参考历年统计数据、现场勘查及与当地居民交流后确定，按中国国家羊单位换算标准：1 匹骆驼＝ 7 只绵羊，1 匹马＝ 6 只绵羊，1 头牛＝ 5 只绵羊，1 只山羊＝ 1 只绵羊来计算。土壤湿度：采用便携式 TDR6500 测试仪测试 20cm 土壤湿度。

表 2-6　研究区植被物种

种类	四季轮牧	禁牧	连续放牧	种类	四季轮牧	禁牧	连续放牧
寸苔草	1	1	1	银灰旋花	1	0	1
羊草	1	1	1	二裂萎陵菜	1	1	1
克氏针茅	1	1	1	独行菜	1	0	1
尖头叶藜	1	1	1	燥原芥	1	0	1
糙隐子草	1	1	1	蒙古风毛菊	1	1	1
冷蒿	1	1	1	细叶鸢尾	1	0	1
多根葱	1	1	1	兴安花棋杆	1	0	1
猪毛菜	1	1	1	达乌里芯芭	1	1	1
大针茅	1	1	1	大籽蒿	1	0	1
细叶韭	1	1	1	芨芨草	0	1	1
狭叶锦鸡儿	1	1	1	戈壁天门冬	1	1	1
栉叶蒿	1	1	1	蒙古葱	1	0	1

续表

种类	四季轮牧	禁牧	连续放牧	种类	四季轮牧	禁牧	连续放牧
黄花蒿	1	1	0	狭叶青蒿	1	0	1
小叶锦鸡儿	1	0	1	婆婆娜	1	0	0
小叶棘豆	1	1	1	硬直早熟禾	1	1	0
滨藜	1	0	0	洽草	0	1	0
木地肤	1	0	1	北芸香	1	0	1
鹤虱	1	1	1	二色补血草	0	1	0
阿尔泰狗娃花	1	1	1	兴安柴胡	0	1	0
冰草	1	1	1	蓬子菜	1	0	0
草麻黄	1	1	1	刺叶藜	0	0	1
野韭	1	1	1	黄花葱	0	1	0

注：1代表对应种，0代表无对应种。大针茅 *Stipa grandis*，寸苔草 *Carex duriuscula*，糙隐子草 *Cleistogenes squarrosa*，尖头叶藜 *Chenopodium acuminatum*，克氏针茅 *Stipa sareptana*，猪毛菜 *Salsola collina*，羊草 *Leymus chinensis*，冷蒿 *Artemisia frigida*，多根葱 *Allium polyrhizum Turcz*，细叶韭 *Allium tenuissimum*，狭叶锦鸡儿 *Caragana stenophylla*，小叶棘豆 *Oxytropis microphylla*，阿尔泰狗娃花 *Heteropappus altaicus*，二裂萎陵菜 *Potentilla bifurca*，小叶锦鸡儿 *Caragana microphylla*，鹤虱 *Sect Lappula*，栉叶蒿 *Neopallasia pectinata*，草麻黄 *Ephedra sinica*，黄花蒿 *Artemisia annua*，野韭 *Allium ramosum*，木地肤 *Kochia prostrate*，燥原芥 *Ptilotricum canescens*，冰草 *Agropyron cristatum*，兴安花棋杆 *Dontostemon micranthus*，达乌里芯芭 *Cymbaria dahurica*，细叶鸢尾 *Iris tenuifolia*，银灰旋花 *Convolvulus ammannii*，独行菜 *Lepidium apetalum*，戈壁天门 *Asparagus gobicus*，蒙古风毛菊 *Saussurea mongolica*，大籽蒿 *Artemisia sieversiana*，北芸香 *Haplophyllum dauricum*，蒙古葱 *Allium mongolicum*，刺叶藜 *Chenopodium aristatum*，婆婆娜 *Veronica didyma*，蓬子菜 *Galium verum*，硬直早熟禾 *Poa annua*，二色补血草 *Limonium bicolor*，黄花葱 *Allium condensatum*，芨芨草 *Achnatherum splendens*，洽草 *Koeleria litvinowii*，兴安柴胡 *Bupleurum sibiricum*，狭叶青蒿 *Artemisia dracunculus*。

（一）苏赫巴托尔省

苏赫巴托尔省位于蒙古国东南部，面积8.29万平方千米，南面与中国内蒙古自治区锡林郭勒盟接壤，边境线长470余千米。西面是东戈壁省，北面是肯特省和东方省，东面与东方省相邻。

苏赫巴托尔省下辖 12 个县，分别是乌拉巴彦县、苏赫巴托尔县、蒙赫汗县、图门丘格特县、图布欣希雷县、哈勒赞县、巴彦德勒格尔县、阿斯嘎特县、翁贡县、达里甘嘎县、纳兰县、额尔登察干县。

苏赫巴托尔省无铁路，已筹划建设“巴新铁路”（东方省乔巴山市经苏赫巴托尔省西乌尔特市，经蒙古国毕其格图口岸、中国珠恩嘎达布其口岸以及内蒙古自治区西乌珠穆沁旗、东乌珠穆沁旗、巴林右旗，至辽宁阜新，抵达锦州港），公路是苏赫巴托尔省交通的主要形式，所有矿产资源均通过大型货车（最大载货量 60 吨）运往口岸或铁路枢纽城市运出。

畜牧业是该省的主要经济产业。苏赫巴托尔县、阿斯嘎特县培育细毛和半细毛绵羊，巴彦德勒格尔县培育肉奶兼用牛，额尔登察干县培育乌珠穆沁绵羊。该省耕地面积为 1.47 万平方千米，主要种植谷物、土豆、蔬菜，每年约收获 2 万吨谷物、土豆和蔬菜。

苏赫巴托尔省企业主要有金矿、印刷厂、食品加工厂、建筑材料厂、皮革加工厂、燃料动力工厂和面粉厂等。货运主要依靠公路，全省各县均开通电话，部分县还开通了计算机和网络。

（二）锡林郭勒盟阿巴嘎旗

阿巴嘎旗地处内蒙古自治区锡林郭勒盟中北部，东经 113° 27′~116° 11′，北纬 43° 04′ ~45° 26′。东与锡林浩特市、东乌珠穆沁旗为邻；南与正蓝旗接壤；西与苏尼特左旗毗连；北与蒙古国交界，国境线长 175 千米。全境南北长约 260 千米，东西宽约 110 千米，总面积 2.75 万平方千米。“阿巴嘎”系蒙古语，汉语“叔叔”之意。因为元太祖成吉思汗胞弟别力古台后裔，故将其所率部落称为“阿巴嘎”部落，并沿用至今。

阿巴嘎旗地形主要由蒙古高原低山丘陵区组成，平均海拔1127米，最高点海拔1648米，地势由东北向西南倾斜。从形态上可划分为低山丘陵、熔岩台地、高平原、沙地四个类型，没有山脉和沟壑，也没有明显的地势呈波状起伏。阿巴嘎旗2017年总人口为43949人，主要以蒙、汉民族为主，汉族18864人，占总人口的43%，蒙古族23381人，占总人口的54%。其中，牧业人口21233人，占总人口的40%；城镇人口21805人，占总人口的51%。

207国道和101省道贯穿阿巴嘎旗，境内的公路路网总里程达1058千米，可通达呼和浩特、北京、乌兰察布、包头、二连浩特、鄂尔多斯、通辽、赤峰、承德等城市，交通条件十分便利。

阿巴嘎旗6个苏木镇全部通了公路，通公路行政嘎查达54个，占阿巴嘎旗行政嘎查总数的76%，形成了以省道101为主动脉，以9条乡间公路和边防公路为支线，辐射阿巴嘎旗各苏木镇、各嘎查的路网格局。查干淖尔煤田铁路专线通过核准，锡林浩特—二连浩特铁路阿巴嘎旗段启动建设。

2016年阿巴嘎旗地区生产总值为490283万元。其中，第一产业对经济增长的贡献率为7.4%，本年度牲畜总数1465567头（只）。其中，小畜1233758头，大畜231809头。第二产业对经济增长的贡献率为82.6%。其中，工业增加值为315387万元，比上年增长26.6%。第三产业对经济增长的贡献率为10%。其中，社会消费品零售总额为74900万元，比上年增长15.6%。从经营单位所在地看，城镇实现社会消费品零售额57295万元，占社会消费品零售总额的76.5%，增长18.9%；牧区消费品零售额17605万元，增长6.3%。

第三章

研究方法与设计

一、研究方法

本书的研究主要以地理学、生物学和遥感学的相关理论方法为基础，在获得第一手资料的前提下，综合运用了理论研究与实证研究相结合的方法，注重实地调查与卫星影像资料的结合、自然因素分析与人文因素分析的结合，定性研究与定量分析的结合、历史文献研究与现状调查研究的结合，自然科学研究方法与社会人文科学研究方法的结合。

（一）实地调查法

实地考察是地理学的传统优势研究方法，包括宏观和微观考察。2010~2016年，作者实地考察了蒙古国五个省（苏赫巴托尔省、色楞格省、中央省、东方省、南戈壁省）和中国内蒙古自治区五个盟市（锡林郭勒盟、赤峰市、呼伦贝尔市、乌兰察布市、通辽市）的多数地方，比较全面地了解了蒙古国与我国内蒙古自治区草原牧业以及牧区社会经济发展的基本概况，对其中的典型嘎查做了深入扎实的实地调查和样方调查工作。

（二）遥感监测法

草原植被环境调查一般分为两种：地面监测和遥感监测。地面监测主要通过对草原植被的高度、盖度、产量、物种等参数的测定来确定草原植被长势、产量估算、物种变化等植被环境信息，虽然地面调查费时、费力，但能更加细致和全面反映植被群落的特点；遥感监测由于省时、省力且可以大面积、多时间段进行监测，已成为目前草原植被环境监测的另一个主要方法（包刚等，2017）。植被群落变化是一个复杂的生理过程，且受到多种因素的影响，可以用一些与植被群落变化密切相关的遥感地表参数来表征植被群落整体状况，本书结合使用了地面监测和遥感监测手段，发挥了各自的优点。

（三）问卷调查方法

问卷调查方法是社会学、人类学和经济学等人文类学科的基本研究方法，也是人文地理学的重要研究方法之一。通过有目的性、有针对性地进行问卷设计与调查，可以全面了解和掌握社会不同阶层对于一些具体事情的真实态度、愿望、了解、认识等。本书的研究主要对牧区不同收入、年龄、民族、文化的牧民和干部等各种类型的社会成员进行了问卷调查，从而尽量全面地了解了蒙古牧区社会有关成员对牧区生态环境变化的认识。

（四）历史文献方法

历史文献方法是指充分利用各种历史文献，比较历史不同时期的生态环境状况，进而分析蒙古国及内蒙古自治区牧区的放牧制度及生态环境发展演变的特点，进一步探讨蒙古草原退化的原因。

（五）统计分析法

利用 Excel 2010 软件（©Microsoft Corporation，Washington，USA）统计植物群落、气象、牲畜数据，利用 ENVI5.0（©Harris，Boulder，USA）和 ArcGIS10.0（©ESRI，RedLands，USA）软件处理了遥感数据和计算 NDVI，并采用 R 语言对内蒙古自治区（中国）、蒙古国、禁牧（边境）三地区的 NDVI、样方数据及中蒙气象和牲畜数据进行随机显著性检验，显著性差异（$p<0.05$）。

二、试验设置

针对蒙古草原地形平坦、生态地理单元尺度较大、生态景观单一且连续过渡等特点（周锡饮，2014），本书的研究在中蒙典型草原跨境区选择两个（国境线两侧各一个）互相毗邻且自然条件基本一致的苏木为研究区。按照样带与样方相结合、样方均衡随机分布的原则，借助谷歌地球和 GPS 在研究区分别设置垂直和平行于边境线的 3 条样带（每条长 40 千米，穿越蒙古国和内蒙古自治区）和 7 条样带（每条长 20 千米，4 条在蒙古国，3 条在内蒙古自治区）。其中，蒙古国内最挨边境的样带设置在边境封闭管理区之内，离边境线 5 千米，属于禁牧区，垂直和平行样带交会处设置样点，每个样点设置 3 个重复，间隔 150 米。选择生物量最高峰期进行野外调查，即于 2016 年 7 月下旬至 8 月中旬在研究区共采集 61 个样方，每个样方面积为 $1m^2$（$1m \times 1m$）。测定和记录每个样方内出现的所有物种数、群落总个体密度、总地上生物量、总盖度、平均高度、土壤类型以及土壤湿度（见图 3-1）。

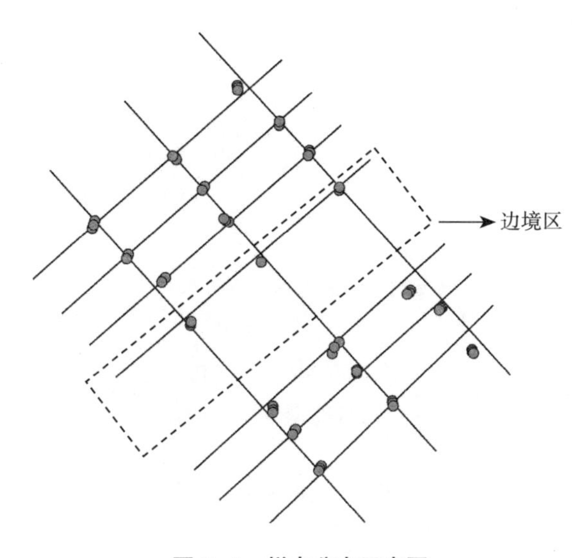

图 3-1 样点分布示意图

三、样方调查

（一）植物基本特征

采用群落平均高度、总盖度、总个体密度、丰富度指数（R）、总地上生物量（简称“四度一量”）来表征群落特征（张金屯，2004）。

样方平均高度：卷尺测定群落自然平均高度3次，取平均值。

样方总盖度：指样方内群落地上部分的垂直投影面积占样方面积的比率，三人目测取平均值。

样方群落总个体密度：指样方内所有植物株丛数，采取人工统计法。

样方地上生物量：齐地面刈割，用0.01g精度电子秤现场称鲜重。

样方物种丰富度：样方内出现的物种数。

（二）主要物种优势度计算

物种优势度（IV）的计算公式如下：

$$IV（\%）=\frac{相对盖度+相对密度+相对频度+相对高度}{4} \tag{3-1}$$

式中，

$$相对密度=\frac{某个物种的个体数目}{所有物种个体数目}\times 100 \tag{3-2}$$

$$相对高度=\frac{某个物种的平均高度}{所有物种平均高度之和}\times 100 \tag{3-3}$$

$$相对盖度=\frac{某个物种的盖度}{所有物种盖度之和}\times 100 \tag{3-4}$$

$$相对频度=\frac{某个物种的频度}{所有物种的频度}\times 100 \quad (3-5)$$

（三）物种多样性计算

物种多样性是生物多样性的中心，是生物多样性最主要的结构和功能单位，是指地球上动物、植物、微生物等生物种类的丰富程度。物种多样性包括两个方面：一方面是指一定区域内物种的丰富程度，可称为区域物种多样性；另一方面是指生态学方面的物种分布的均匀程度，可称为生态多样性或群落多样性。物种多样性是衡量一定地区生物资源丰富程度的一个客观指标（Hurlbert，1971）。

测定区域生境内的物种多样性时，通常以群落内物种数量的绝对值数进行比对，这样结果更加简明。用样方内出现的物种数来表达样方物种丰富度，这种指数虽然体现了群落内物种数量，但忽略了优势种和稀有种对多样性贡献大小的差异，且易受野外取样面积的影响，在应用时需与 Simpson 生态优势度指数、Shannon–Wiener 多样性指数、Pielous 均匀度指数等结合起来才更为准确（Robert T. et al.，1995）。Shannon–Wiener 多样性指数是群落内物种多样性和异质性程度的参数，能综合反映群落物种丰富度和均匀度，但却忽略了物种组成因素。Simpson 生态优势度指数所表达的信息与多样性指数和均匀度指数相反，反映了各物种数量的变化情况，其数值越大，说明群落内物种数量分布越不均匀，优势种的地位越突出。Pielous 均匀度指数则体现了各群落内物种个体数分布的均匀程度（Dickman and Mike，1968）。

根据描述样方内植物种数目、所有植物种的个体数和优势度指数，利用以下公式计算群落多样性。

$$丰富度指数\ R=S \quad (3-6)$$

$$\text{Shannon–Wiener 多样性指数}\ H'=-\sum_{n=1}^{\infty}P_i\ln(P_i) \quad (3-7)$$

Simpson 多样性指数（D） $$D = 1 - \sum_{n=1}^{\infty} (P_i)^2 \quad (3\text{-}8)$$

Pielou 均匀度指数 $$Pielou = \frac{-\sum_{n=1}^{\infty} P_i \ln(P_i)}{\ln(S)} \quad (3\text{-}9)$$

式中，R 为物种丰富度，S 为物种数目，P_i 为 i 物种的优势度占群落中总优势度的比例。

（四）群落功能性分类

植物功能群是指在特定环境因素下有相似反应的一类物种或分类群，它是基于生理、形态、生活史或其他与某一生态系统过程相关以及与物种行为相联系的一些生物学特性来划分的（Griffin G.D.，1988）。功能群不仅是研究植物随环境变化的一个基本单位（Pérezharguindeguy et al.，2013），也是研究生物多样性以及生态系统功能作用的重要单位（Lavorel et al.，1997）。

本书的研究以中蒙跨境区典型草原为研究对象，对研究区植被群落的生态类型功能群（Ecological Functional Group）的优势度和生活型功能群（Life-form Functional Group）的优势度进行分析。生态类型功能群包括旱生（Xerophytes）、中旱生（Intermediate Xerads）、旱中生（Intermediate Mesophytes）、中生（Mesophtyes）四类，生活型功能群包括多年生禾本科（Perennial Grass）、多年生杂草（Perennial Weeds）、一二年生草本（Annuals Grass）、灌木和半灌木（Shrubs and Sub-shrubs）四类。

（五）NDVI

已有研究表明，植被指数可以用来反映植被生长状况，其数值越大，表示植被所截获的光合有效辐射越多，植被生长越好，植被群落整体较好。植被具有自己的光谱特征，在可见光部分有较强的吸收特性，而在近红外波段有强烈的反射特性，这两个植被敏感波段的组合与光合有效辐射相关关系显著（那音太等，2010），将近红外和红光两个波段组合后形成植被指数，可以反映植被生长状况。常见的植被指数有归一化植被指数（Normalized Difference Vegetation Index，NDVI）（Fan et al.，2009；秦福莹，2019）、垂直植被指数（李素等，2007）、比值植被指数（RVI）（朱高龙等，2011）、差值植被指数（DVI）（薛利红等，2004）、修正后土壤调节植被指数（SAVI）、增强型植被指数（EVI）（Huete，1988）。研究干旱—半干旱的典型草原区的植被生长状况通常使用的植被指数有归一化植被指数和土壤调节植被指数（MSAVI）（乌兰吐雅等，2015）。

归一化植被指数的计算公式为：

$$NDVI=\frac{(P_{NIR}-P_{Red})}{(P_{NIR}+P_{Red})} \tag{3-10}$$

式中，NDVI 为归一化植被指数，P_{NIR} 为近红外波段，P_{Red} 为红波段。

NDVI 是与草本植物绿度值相关性最高的植被指数（Carlson and Ripley，1997），当植被覆盖度为 25%~80% 时，NDVI 值随植被覆盖度增加呈线性增长；当植被覆盖度大于 80% 时，监测的灵敏度下降（蒙继华，2006）。同时，归一化植被指数对土壤背景的变化较敏感，适于干旱区植被调查和植被生长早、中期的监测。本书的研究区域植被覆盖度基本低于 80%，且 NDVI 结果与 MSAVI 结果对比发现，NDVI 更能反映 3 个对比区之间的植被覆盖度差别，因此，综合考虑，本书的研究使用归一化植被指数（NDVI）。

遥感数据采用研究区 5 个时期，且研究区域无云的同一景（126/29）TM 和 ETM 资料（http：//earthexplorer.usgs.gov/），其空间分辨率为 30m，主要使用波段为 Band3（0.66μm）和 Band4（0.84μm），经过几何校正—大气纠正—辐射定标—NDVI 计算—裁剪—统计等处理，获得样点植被动态变化（见表 3-1）。

表 3-1 遥感数据源详细信息

Time	Path/Row	Band Information	Satellite/Sensor	Resolution
1989/8/3	126/29	B3（0.66）\B4（0.84）	Landsat5/TM	30m
1993/9/15	126/29	B3（0.66）\B4（0.84）	Landsat5/TM	30m
2005/7/14	126/29	B3（0.66）\B4（0.84）	Landsat5/TM	30m
2011/7/31	126/29	B3（0.66）\B4（0.84)	Landsat5/TM	30m
2016/8/13	126/29	B3（0.66）\B4（0.84）	Landsat8/ETM	30m

为了使 NDVI 值更具代表性，以上述 61 个群落样方坐落的像元为中心，加其周围的 8 个像元，共 9 个像元为统计窗口，统计 NDVI 值，再取这 9 个像元的平均值作为样方点的 NDVI 值。

（六）群落稳定性计算

自 20 世纪 50 年代 MacArthur 提出多样性—稳定性理论以来，对于多样性和稳定性问题便一直存在争论（Chisholm，1959）。对此 Boucot（1985）分析指出，形成多样性—稳定性关系的两种相互对立假说的原因在于多样性、复杂性和稳定性在生态学上有许多不同的定义。关于群落多样性与稳定性，学者们曾开展了许多研究工作，得到了相当多现象及逻辑推理的支持，给人以不少启发（Tilman and Haddi，1992；Mcnaughton，1991）。

草原生态系统具备耗散结构特征（周鸿，1989），根据耗散结构理论，系统通过功能↔结构↔涨落之间的相互作用达到有序和谐。这里所谈及的“涨落”可视为一种生态现象，是指系统在内部因子或外部因子的影响下偏离某一稳态的波动。涨落是触发生态序发生变化的杠杆，而生态序的改变势必引起稳定性的变化，因此涨落与系统的结构和稳定性密切相关。稳定性是指每一个生态系统经过扰动后，所有的考察对象都能回到扰动以前的状态，通常以数学方法或经验方法来度量。

M. Godron 稳定性测定方法是法国生态学工作者从工业生产中发现并引入到植物生态学研究中的，它是对植物群落中所有种类的数量和频度进行稳定性计算的方法（Godron et al.，1971）。本书利用 M.Godron 稳定性测试法计算研究区植物群落的稳定性，探讨不同放牧制度下的植被群落稳定性问题，旨在为揭示草原稳定性机制提供新的思路。

M. Godron 稳定性测定方法具体步骤如下：首先，把所研究群落中不同种植物的频度测定值按由大到小的顺序排列，并把植物的种与它们的频度相对应；其次，把植物的频度换算成相对频度，按相对频度由大到小的顺序逐步累加起来；再次，计算相应植物种类占总种数的比例；最后，采用模拟散点所得平滑曲线的方程与 y=1–x 之间的交叉点来判断累积相对频度与对应植物种数占总种数比例坐标 x/y，0.2/0.8 是群落的稳定点，交点坐标 x/y 与 0.2/0.8 之间距离（d_x）越小，群落就越稳定。

本书中研究区自然条件基本一致，整个研究区空间跨度不是很大，植被群落物种频度差异也不是很大，因此在计算频度稳定性的基础上进一步计算了植被盖度稳定性，以便对比研究区频度稳定性和盖度稳定性的敏感程度，突出不同放牧区的群落差异。

本书对 M. Godron 稳定性测定方法作了改进，在计算时，将各种植物的频度换成了盖度，测试不同放牧区植被稳定性。

改进的计算步骤如下：首先，把所研究群落中不同种植物的盖度测定值按由大到小的顺序排列，并把植物的种与它们的盖度相对应；其次，把植物的盖度换算成相对盖度，按相对盖度由大到小的顺序逐步累加起来；再次，计算相应植物种类占总种数的比例；最后，采用模拟散点所得平滑曲线的方程与 y=1–x 之间的交叉点来判断累积相对频度与对应植物种数占总种数比例坐标 x/y，0.2/0.8 是群落的稳定点，交点坐标 x/y 与 0.2/0.8 之间距离（d_x）越小，群落就越稳定。

第四章

结果分析

一、群落基本特征

群落基本特征包括群落平均高度、总盖度、总个体密度以及总地上生物量。

群落平均高度在四季轮牧（以下简称轮牧区，RG）为 14.8，在禁牧区（FG）为 21.2，在连续放牧区（CG）为 8.4，禁牧区 > 四季轮牧区 > 连续放牧区，三者差异显著（p<0.05）（见图 4-1）。

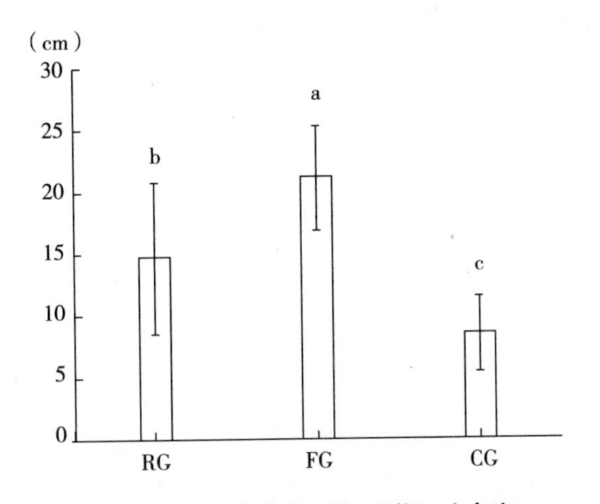

图 4-1　不同放牧制度区群落平均高度

群落总盖度在轮牧区为 64.3%，在禁牧区为 67.9%，在连续放牧区为 56.5%，禁牧区 > 轮牧区 > 连续放牧区，轮牧区显著大于连续放牧区（p<0.05），轮牧区与禁牧区之间无显著差异，禁牧区与连续放牧区之间无显著差异（见图 4-2）。

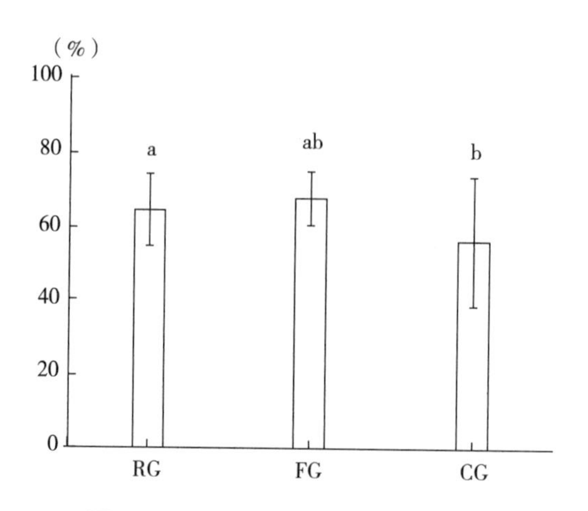

图 4-2　不同放牧制度区群落总盖度

群落总地上生物量在轮牧区为 268.4g/m^2，在禁牧区为 455.9g/m^2，在连续放牧区为 122.2g/m^2，禁牧区 > 轮牧区 > 连续放牧区，三者差异显著（$p<0.05$）（见图 4-3）。

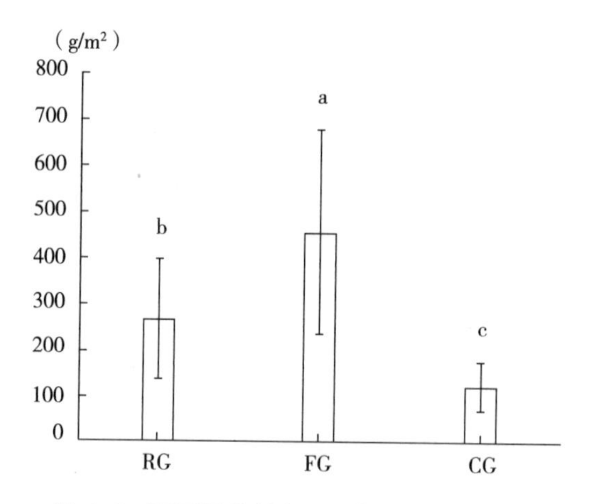

图 4-3　不同放牧制度区群落总地上生物量

群落总个体密度在轮牧区为 439.4 个 /m^2，在禁牧区为 228.4 个 /m^2，在连续放牧区为 310.6 个 /m^2，轮牧区 > 连续放牧区 > 禁牧区，其中轮牧区与连续放牧区、禁牧区差异显著（$p<0.05$），连续放

牧区与禁牧区无显著差异（见图 4–4）。

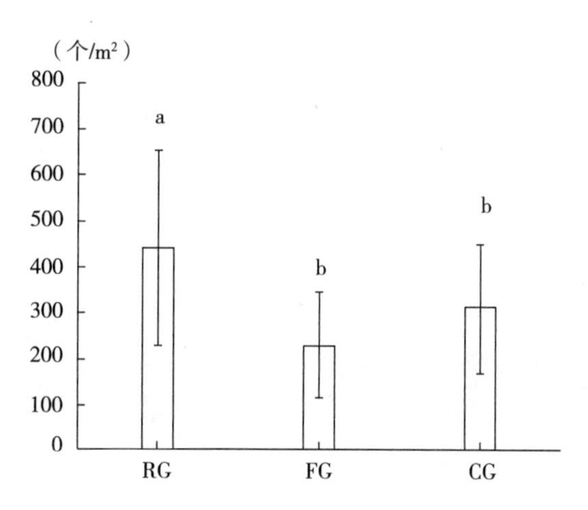

图 4–4　不同放牧制度区群落总个体密度

二、主要物种优势度分析

优势度可指示群落中每种植物的相对重要性及植物的最适生境，其变化关系到群落结构，优势度越高，植物优势地位越明显（张金屯，2004）。

本书重点对研究区群落中优势度大于 3% 的物种进行分析后发现，寸草（*Carex duriuscula*）、羊草（*Leymus chinensis*）、克氏针茅（*Stipa sareptana*）、尖头叶藜（*Chenopodium acuminatum*）、糙隐子草（*Cleistogenes squarrosa*）、冷蒿（*Artemisia frigida*）、多根葱（*Allium polyrhizum*）、猪毛菜（*Salsola collina*）、大针茅（*Stipa grandis*）、细叶韭（*Allium tenuissimum*）等植物在不同放牧制度的草原群落中优势度均较高，这些物种累计优势度占总群落的 72.46%（见表 4–1）。

表 4-1　研究区平均优势度超过 3% 的植物物种

单位：%

物种	重要值	顺序	放牧促进性
寸草（*Carex duriuscula*）	16.11 ± 10.56	1	RG
羊草（*Leymus chinensis*）	10.99 ± 9.94	2	FG
克氏针茅（*Stipa sareptana*）	8.11 ± 9.40	3	CG
尖头叶藜（*Chenopodium acuminatum*）	7.36 ± 6.41	4	CG
糙隐子草（*Cleistogenes squarrosa*）	6.62 ± 5.63	5	CG
冷蒿（*Artemisia frigida*）	6.32 ± 5.30	6	RG
多根葱（*Allium polyrhizum*）	5.47 ± 6.26	7	CG
猪毛菜（*Salsola collina*）	4.66 ± 4.03	8	CG
大针茅（*Stipa grandis*）	3.66 ± 8.34	9	FG
细叶韭（*Allium tenuissimum*）	3.16 ± 2.90	10	CG
	72.46		

研究区优势度大于 3% 的 10 种物种对不同放牧制度的响应存在着差异（见表 4-2），可归纳为三种类型：轮牧促进型（2 种）、禁牧促进型（2 种）和连续放牧促进型（6 种）。

表 4-2　主要物种优势度

单位：%

物种	RG	FG	CG
寸草（*Carex duriuscula*）	22.27 ± 10.24a	10.67 ± 10.66b	11.37 ± 7.45b
羊草（*Leymus chinensis*）	11.15 ± 13.23a	15.91 ± 6.44a	9.56 ± 5.91a
克氏针茅（*Stipa sareptana*）	3.46 ± 5.08b	2.84 ± 5.07b	14.13 ± 10.23a
尖头叶藜（*Chenopodium acuminatum*）	6.34 ± 5.65a	6.58 ± 7.77a	8.57 ± 6.8a
糙隐子草（*Cleistogenes squarrosa*）	5.52 ± 4.18b	3.57 ± 2.5b	8.51 ± 6.85a
冷蒿（*Artemisia frigida*）	6.68 ± 6.34a	5.61 ± 5.37a	6.15 ± 4.2a
多根葱（*Allium polyrhizum*）	5.34 ± 7.99a	5.01 ± 3.84a	5.71 ± 4.81a

续表

物种	RG	FG	CG
猪毛菜（*Salsola collina*）	4.15 ± 3.71a	2.44 ± 3.1a	5.75 ± 4.32a
大针茅（*Stipa grandis*）	3.27 ± 6.93b	12.8 ± 13.68a	1.68 ± 6.53b
细叶韭（*Allium tenuissimum*）	1.99 ± 2.33b	3.59 ± 2.5ab	4.23 ± 3.15a

（1）轮牧促进型。寸草、冷蒿在不同放牧制度区的优势度为：轮牧区 > 连续放牧区 > 禁牧区。寸草的优势度在轮牧区为 22.27，在禁牧区为 10.67，在连续放牧区为 11.37，轮牧区显著大于禁牧区和连续放牧区（$p<0.05$），禁牧区与连续放牧区无显著差异。冷蒿的优势度在轮牧区为6.68，在禁牧区为5.61，在连续放牧区为6.15，三者无显著差异。

（2）禁牧促进型。羊草、大针茅在不同放牧制度区的优势度为：禁牧区 > 轮牧区 > 连续放牧区。羊草的优势度在轮牧区为 11.15，在禁牧区为 15.91，在连续放牧区为 9.56，三者无显著差异。大针茅的优势度在轮牧区为 3.27，在禁牧区为 12.8，在连续放牧区为 1.68，禁牧区显著大于轮牧区和连续放牧区（$p<0.05$），轮牧区与连续放牧区之间无显著差异。

（3）连续放牧促进型。克氏针矛、尖头叶藜、糙隐子草、多根葱、猪毛菜、细叶韭在连续放牧区的优势度大于轮牧区和禁牧区。其中，克氏针矛、糙隐子草、多根葱、猪毛菜 4 种植物在不同放牧制度区的优势度为：连续放牧区 > 轮牧区 > 禁牧区，或禁牧区未发现此物种；尖头叶藜和细叶韭在不同放牧制度区的优势度为：连续放牧区 > 禁牧区 > 轮牧区。

克氏针矛的优势度在轮牧区为 3.46，在禁牧区为 2.84，在连续放牧区为 14.13，连续放牧区显著大于轮牧区和禁牧区（$p<0.05$），轮牧区与禁牧区之间无显著差异。糙隐子草的优势度在轮牧区为 5.52，在禁牧区为 3.57，在连续放牧区为 8.51，连续放牧区显著大

于轮牧区和禁牧区（$p<0.05$），轮牧区与禁牧区之间无显著差异。多根葱的优势度在轮牧区为 5.34，在禁牧区为 5.01，在连续放牧区为 5.71，三者无显著差异。猪毛菜的优势度在轮牧区为 4.15，在禁牧区为 2.44，在连续放牧区为 5.75，三者无显著差异。

尖头叶藜的优势度在轮牧区为 6.34，在禁牧区为 6.58，在连续放牧区为 8.57，三者无显著差异。细叶韭的优势度在轮牧区为 1.99，在禁牧区为 3.59，在连续放牧区为 4.23，连续放牧区显著大于轮牧区（$p<0.05$），连续放牧区与禁牧区之间无显著差异，禁牧区与轮牧区之间无显著差异。

三、物种多样性分析

丰富度指数 R 是指群落内植物种类的多少，是最直接和有效反映群落物种多样性的方法之一。在不同放牧制度下，轮牧区的 R 为 12.37 种 / 平方米，禁牧区的 R 为 11.43 种 / 平方米，连续放牧区的 R 为 12.52 种 / 平方米，R 值连续放牧区 > 轮牧区 > 禁牧区，三者无显著差异（见图 4–5）。

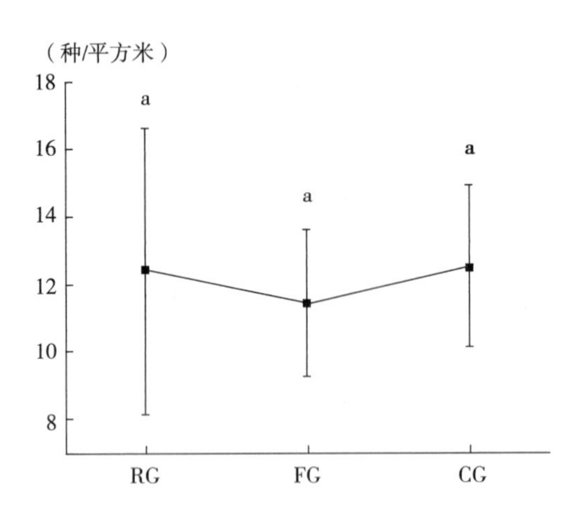

图 4–5 不同放牧制度区群落丰富度指数

Shannon–Wiener 指数也称为信息指数，反映植物群落多样性的信息量大小。在不同放牧制度下，Shannon–Wiener 指数在轮牧区为 2.19，在禁牧区为 2.22，在连续放牧区为 2.28，连续放牧区 > 禁牧区 > 轮牧区，三者无显著差异（见图 4–6）。

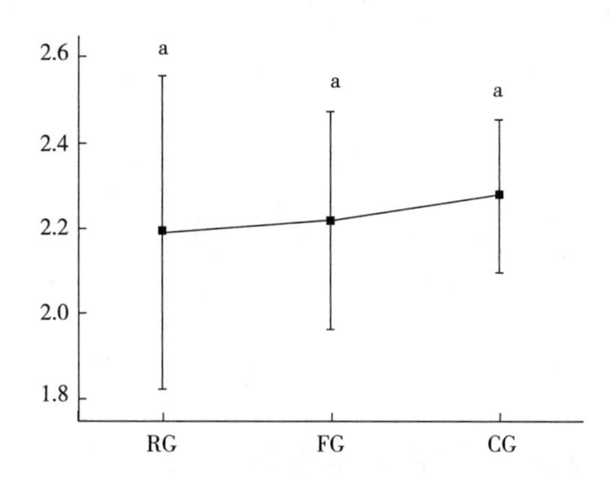

图 4–6 不同放牧制度区群落 Shannon–Wiener 指数

Simpson 多样性指数反映了群落数量优势的分化程度。Simpson 指数在轮牧区为 0.85，在禁牧区为 0.86，在连续放牧区为 0.87，连续放牧区 > 禁牧区 > 轮牧区，连续放牧区和禁牧区显著大于轮牧区，连续放牧区与禁牧区之间无显著差异（$p<0.05$）（见图 4–7）。

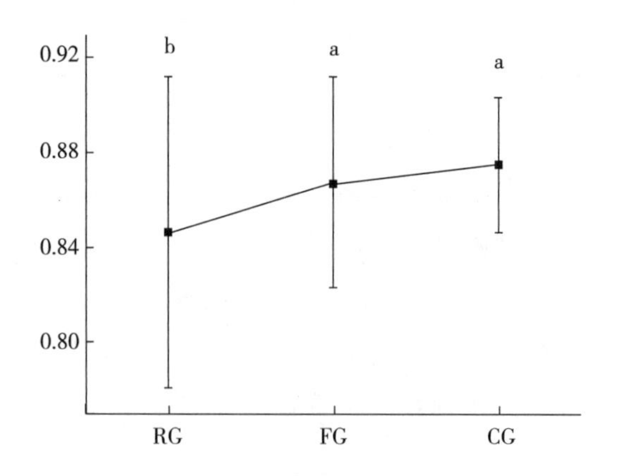

图 4–7 不同放牧制度区群落 Simpson 多样性指数

Pielou 均匀度指数是指群落中各个种类的个体数量分配比例情况，其在轮牧区为 0.89，在禁牧区为 0.92，在连续放牧区为 0.91，禁牧区 > 连续放牧区 > 轮牧区，三者无显著差异（见图 4–8）。

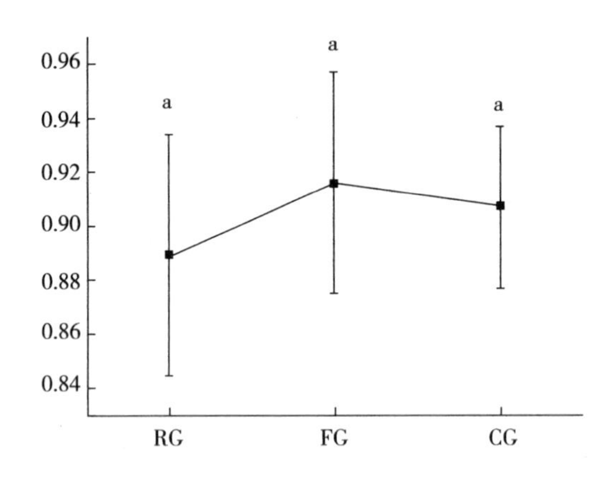

图 4–8 不同放牧制度区群落 Pielou 均匀度指数

四、植物功能群特征分析

如表 4–3 所示，旱生植物优势度在轮牧区为 55.6，在禁牧区为 66.76，在连续放牧区为 68.21，连续放牧区 > 禁牧区 > 轮牧区，连续放牧区和禁牧区显著大于轮牧区，连续放牧区与禁牧区之间无显著差异。中旱生植物优势度在轮牧区为 27.39，在禁牧区为 15.37，在连续放牧区为 13.65，轮牧区 > 禁牧区 > 连续放牧区，轮牧区显著大于禁牧区和连续放牧区，禁牧区与连续放牧区之间无显著差异。旱中生植物优势度在轮牧区为 8.78，在禁牧区为 10.17，在连续放牧区为 11.62，连续放牧区 > 禁牧区 > 轮牧区，三者无显著差异。中生植物优势度在轮牧区为 8.23，在禁牧区为 7.69，在连续放牧区为 6.12，在轮牧区 > 禁牧区 > 连续放牧区，三者无显著差异。

表 4-3 不同放牧制度区群落水分型功能群优势度

水分型功能群		均值 ± 标准差	水分型功能群		均值 ± 标准差
旱生	RG	55.6 ± 11.82b	旱中生	RG	8.78 ± 6.31a
	FG	66.76 ± 15.99a		FG	10.17 ± 10.13a
	CG	68.21 ± 13.46a		CG	11.62 ± 8.96a
中旱生	RG	27.39 ± 9.56a	中生	RG	8.23 ± 6.72a
	FG	15.37 ± 10.03b		FG	7.69 ± 4.04a
	CG	13.65 ± 7.3b		CG	6.12 ± 7.94a

如表 4-4 所示，多年生禾本科植物优势度在轮牧区为 24.62，在禁牧区为 38.16，在连续放牧区为 36.07，禁牧区 > 连续放牧区 > 轮牧区，禁牧区和连续放牧区显著大于轮牧区，连续放牧区与禁牧区之间无显著差异。多年生杂草优势度在轮牧区为 43.28，在禁牧区为 36.89，在连续放牧区为 35.65，轮牧区 > 禁牧区 > 连续放牧区，轮牧区显著大于禁牧区和连续放牧区，禁牧区与连续放牧区之间无显著差异。一二年生草本的优势度在轮牧区为 24.61，在禁牧区为 15.32，在连续放牧区为 19.49，轮牧区 > 连续放牧区 > 禁牧区，三者无显著差异。灌木和半灌木植物优势度在轮牧区为 7.48，在禁牧区为 9.63，在连续放牧区为 8.4，禁牧区 > 连续放牧区 > 轮牧区，三者无显著差异。

表 4-4 不同放牧制度区生活型功能群优势度

生活型功能群		均值 ± 标准差	生活型功能群		均值 ± 标准差
多年生禾本科	RG	24.62 ± 11.76b	一二年生草本	RG	24.61 ± 11.68a
	FG	38.16 ± 17.27a		FG	15.32 ± 17.88a
	CG	36.07 ± 13.15a		CG	19.49 ± 10.79a

续表

生活型功能群		均值 ± 标准差	生活型功能群		均值 ± 标准差
多年生杂草	RG	43.28 ± 16.32a	灌木和半灌木	RG	7.48 ± 5.29a
	FG	36.89 ± 8.96ab		FG	9.63 ± 3.94a
	CG	35.65 ± 11.71b		CG	8.4 ± 5.69a

五、NDVI

从图 4-9 可以看出，1989 年 NDVI 值在轮牧区为 0.06，在禁牧区为 0.11，在连续放牧区为 0.04，禁牧区 > 轮牧区 > 连续放牧区，禁牧区显著大于轮牧区、连续放牧区（$p<0.05$），轮牧区与连续放牧区之间无显著差异。

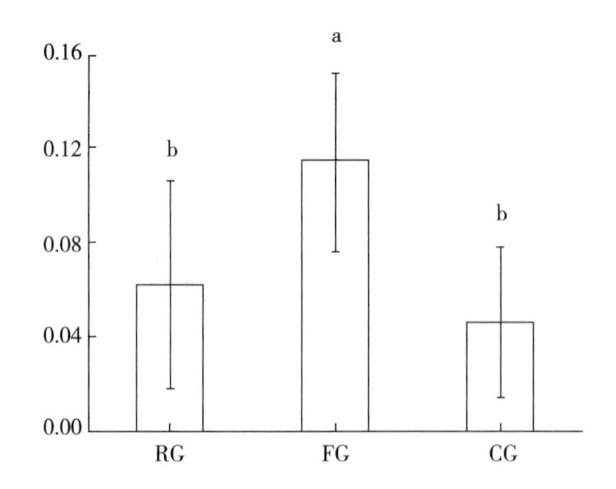

图 4-9 1989 年不同放牧制度区 NDVI 值

从图 4-10 可以看出，1993 年 NDVI 值在轮牧区为 0.11，在禁牧区为 0.16，在连续放牧区为 0.12，禁牧区 > 连续放牧区 > 轮牧区，轮牧区显著低于禁牧区（$p<0.05$），连续放牧区与轮牧区、禁牧区之间无显著差异。

从图 4-11 可以看出，2005 年 NDVI 值在轮牧区为 0.04，在禁牧区为 0.07，在连续放牧区为 0.03，禁牧区 > 轮牧区 > 连续放牧区，轮牧区与禁牧区、连续放牧区之间无显著差异，禁牧区显著高于连续放牧区（$p<0.05$）。

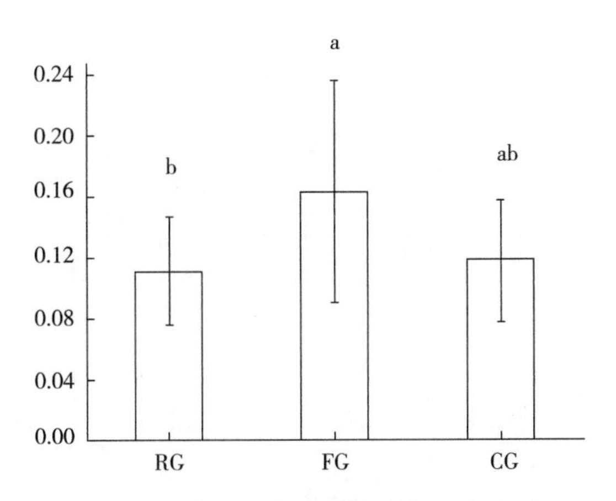

图 4-10　1993 年不同放牧制度区 NDVI 值

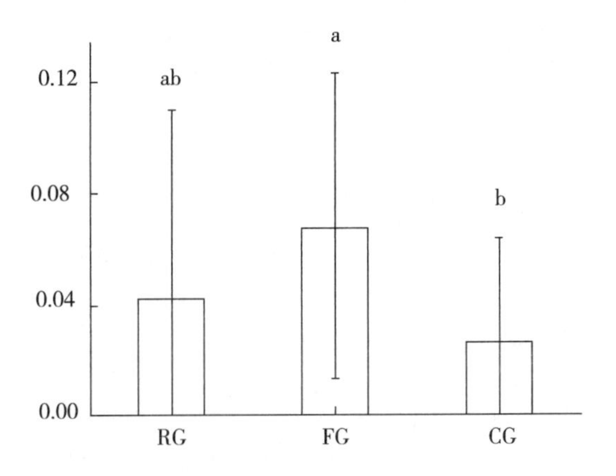

图 4-11　2005 年不同放牧制度区 NDVI 值

从图 4-12 可以看出，2011 年 NDVI 值在轮牧区为 0.3，在禁牧区为 0.29，在连续放牧区为 0.17，轮牧区 > 禁牧区 > 连续放牧区，轮牧区和禁牧区显著高于连续放牧区（$p<0.05$），而轮牧区与禁牧

区之间无显著差异。

从图 4-13 可以看出，2016 年 NDVI 值在轮牧区为 0.07，在禁牧区为 0.16，在连续放牧区为 0.04，禁牧区 > 轮牧区 > 连续放牧区，三者之间差异显著（$p<0.05$）。

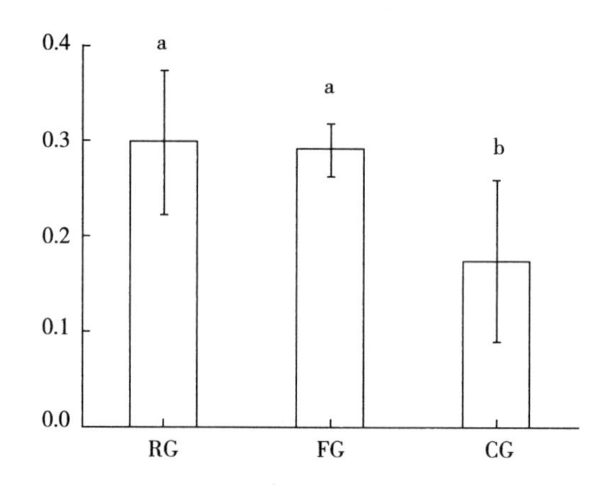

图 4-12 2011 年不同放牧制度区 NDVI 值

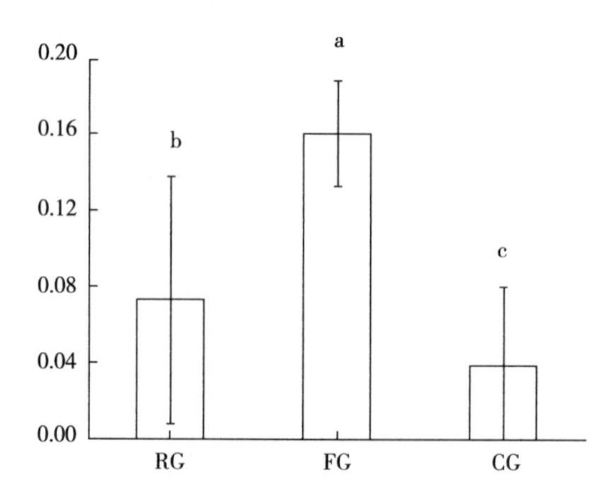

图 4-13 2016 年不同放牧制度区 NDVI 值

六、稳定性指数

如表 4–5 和图 4–14 所示，三种不同放牧制度区的频度计算植被群落稳定性结果为：在轮牧区 x/y 为 0.36/0.66，d_x 为 0.21；在禁牧区 x/y 为 0.37/0.63，d_x 为 0.24；在连续放牧区 x/y 为 0.34/0.66，d_x 为 0.20。频度计算植被群落稳定性的值在连续放牧区最高，轮牧区其

表 4–5　频度计算植被群落稳定性

GS	TOC	CC	PV	C（x/y）	d_x	SO
RG	$y = -1.2226x^2+2.138x+0.0544$	0.9978	P<0.01	0.36/0.66	0.21	2
FG	$y = -1.109x^2+2.0344x+0.0322$	0.9957	P<0.01	0.37/0.63	0.24	3
CG	$y = -1.3577x^2+2.2446x+0.0568$	0.9854	P<0.01	0.34/0.66	0.20	1

注：GS= 放牧系统（Grazing system），TOC= 拟合曲线（Type of curves），CC= 相关系数（Correlation coefficient），PV= 显著性 P 值（P value），C= 交点坐标（Coorlinate），SO= 稳定性顺序（Stability order）。

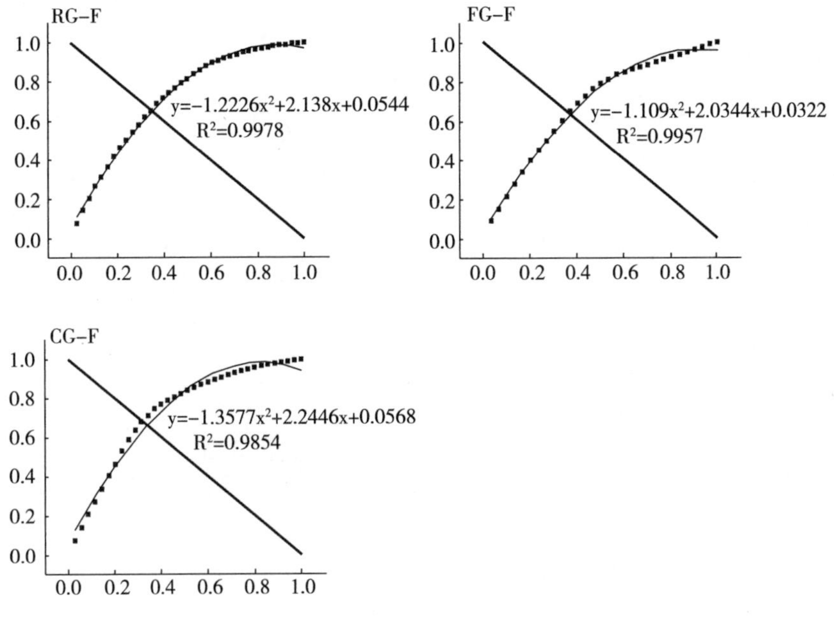

图 4–14　不同放牧制度区频度计算植被群落稳定性

次，禁牧区最低，即连续放牧区 > 轮牧区 > 禁牧区。

如表 4-6 和图 4-15 所示，三种不同放牧制度区盖度计算植被群落稳定性结果为：在轮牧区 x/y 为 0.26/0.74，d_x 为 0.09；在禁牧区 x/y 为 0.31/0.70，d_x 为 0.16；在连续放牧区 x/y 为 0.28/0.72，d_x 为 0.12；盖度计算植被群落稳定性的值在轮牧区最高，在连续放牧区其次，禁牧区最低，即轮牧区 > 连续放牧区 > 禁牧区。

表 4-6 盖度计算植被群落稳定性

GS	TOC	CC	PV	C（x/y）	d_x	SO
RG	$y = -1.1701x^2+1.7245x+0.3847$	0.9294	P<0.01	0.26/0.74	0.09	1
FG	$y = -1.1119x^2+1.7917x+0.284$ $R^2=0.9816$	0.9816	P<0.01	0.31/0.70	0.16	3
CG	$y = -1.2765x^2+1.9303x+0.2887$	0.9729	P<0.01	0.28/0.72	0.12	2

注：GS= 放牧系统（Grazing system），TOC= 拟合曲线（Type of curves），CC= 相关系数（Correlation coefficient），PV= 显著性 P 值（P value），C= 交点坐标（Coorlinate），SO= 稳定性顺序（Stability order）。

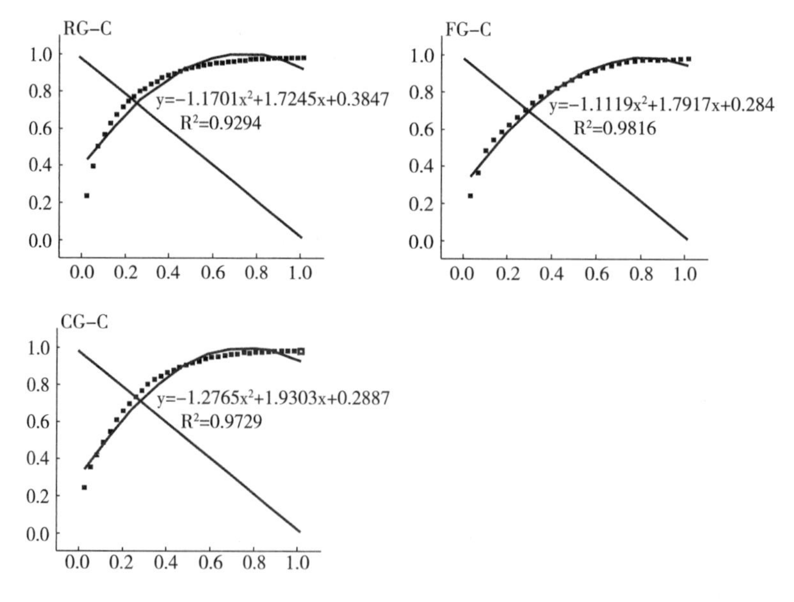

图 4-15 不同放牧制度区盖度计算植被群落稳定性

第五章

讨　论

一、不同放牧制度对植被群落特征的影响

草食动物作为草地植物群落组成与多样性的直接管理者，其采食行为是影响植物群落种群动态和多样性变化的最直接因素（Milchunas et al.，1988；李永宏，1993；Han and Ritchie，1998；Meter et al.，2010）。

禁牧区植被群落的平均高度、总盖度和总地上生物量大于放牧区（轮牧区和连续放牧区），且平均高度和总地上生物量两个指标值禁牧区显著大于放牧区（见图4-1、图4-2和图4-3），这与很多研究结果一致，主要原因可能是放牧牲畜的采食和踩踏等行为使植物叶面积指数降低、光合能力下降，改变了牧草结构，进而影响植物群落的基本特征（李金花等，2002；Carrera et al.，2008；赵登亮，2010）。有研究发现，禁牧区内植被躲避了牲畜的啃食、践踏，得以大量繁殖，因此，禁牧区植被群落平均高度、总地上生物量和生物多样性等显著高于放牧区（赵钢等，2003；Firincioğlu et al.，2007；Deak et al.，2016）。但也有些研究指出，禁牧区消除牲畜的干扰之后，群落中优势种占有大量资源，直接或间接地控制着其他物种的存活，物种之间和个体之间竞争激烈，致使竞争力弱的物种因竞争被压制或被排除，可能导致群落物种多样性降低，低中高度的植被数量减少，从而生物量减少（Grime，1977；Collins et al.，1988；Loeser et al.，2007；闫玉春和唐海萍，2007；Brinkert et al.，2015；牛钰杰等，2018）。本书的研究中，禁牧区植被群落

的总盖度与轮牧区、连续放牧区的总盖度无显著差异，总个体密度值轮牧区 > 连续放牧区 > 禁牧区，丰富度连续放牧区 > 轮牧区 > 禁牧区（见图 4–2、图 4–4 和图 4–5），以上结果说明，虽然放牧使草场群落平均高度、总盖度及总地上生物量减少，但因放牧植物失去顶端组织和衰老组织刺激后，原有竞争力弱的物种拥有了更大的生存空间，从而增加了群落总个体密度和多样性。即使禁牧区植被群落的平均高度和总地上生物量显著大于放牧区，但禁牧区和放牧区植被群落整个生长期的累计生长高度和累计生物量等需要设置植物补偿性生长实验才能判别各自的优越性。放牧既有抑制植物生长的机制，也有促进植物生长的机制，植物的补偿性生长取决于促进与抑制之间的净效应，而这种净效应与草地群落类型、放牧制度、放牧强度以及环境条件等密切相关（Mcnaughton and Oesterhelds，1990）。

轮牧区与连续放牧区的植被群落的平均高度、总盖度和总地上生物量均存在显著差异（见图 4–1、图 4–2 和图 4–3），这可能是因为轮牧根据不同生育期的牧草对放牧敏感性有所差异的特征（Bai et al.，2004；杨浩等，2009），通过人为控制使草地维持在可持续功能和健康所能承受的最低生理生长阈值以上，植被在再生长期逐渐恢复到放牧前的健康水平并产生一个生理生长的上限（Garcia et al.，2014），最终能够增加牧草产量，提高单位面积载畜量（Severson and Martin，1988）。草场受损程度在其阈值范围内可以通过自身的生理机制进行恢复，超过该阈值则会发生退化（Tilman and Haddi，1992；韩国栋，1993；彭祺和王宁，2005；Hao et al.，2013）。

二、不同放牧制度对主要物种优势度的影响

研究区典型草原不同放牧制度区植物共有 16 科 44 种，其

中，禾本科、菊科、百合科和藜科植物分别占 18.18%、15.91%、13.64% 和 11.36%，合计占 60% 左右；之后依次为豆科和十字花科，均占 6.8%（见表 2–7）。

优势度能说明放牧条件下的植被变化，比用植物或植被盖度、生物量单项指标更具综合性与准确性（王炜和刘钟龄，1996）。研究区中，羊草（*Leymus chinensis*）、克氏针茅（*Stipa sareptana*）、糙隐子草（*Cleistogenes squarrosa*）、大针茅（Stipa grandis）等植物的优势度在不同放牧制度的草原群落中均很高，这是因为尽管牲畜食性选择、行走路线等在不同放牧制度区之间存在差异，长期的采食等行为使典型草原优势种或优势功能群组成与结构发生演变，但也有部分物种对环境有着极强的适应力，如多年生禾本科的羊草（*Leymus chinensis*）、大针茅（*Stipa grandis*）和克氏针茅（*Stipa sareptana*）、糙隐子草（*Cleistogenes squarrosa*）等，它们虽然在放牧区矮小化程度严重，但组成了典型草原独特的以旱生多年生禾草为主导的植物群落（Kahmen and Poschlod，2004；Fartmann et al.，2012）。这说明草原植物群落中，优势种保持了其较强的竞争优势，拥有统治地位。

此外，寸草（*Carex duriuscula*）、冷蒿（*Artemisia frigida*）、多根葱（*Allium polyrhizum*）、细叶韭（*Allium tenuissimum*）等的优势度在各放牧制度区中也较高，说明研究区草原的退化演替明显，这些物种的优势度较高，说明了研究区草原退化严重，导致草原群落中一二年生草本植物的增加。

植物除主要受草原退化引起的群落演替的影响之外，放牧对草原群落物种的选择性强度是影响植物优势度的关键因素。放牧对植物种群的影响将最终反映在植物的构件和种群结构上。放牧对种群结构的影响是多途径的，可以通过影响分蘖芽的数目和生长影响蘖的空间分布（Richards and Olsonj，1988；Butler and Briskej，1989）、株丛的基面积（Anderson and Briskev，1990）、分蘖密度和个体大小之间的补偿特性（Matthew et al.，1995）等。

定性指示植物（Qualitative Indieator）指在牧压超出某一阈值时才出现（正的）或消失（负的）的植物，其出现与否可以指示牧压的强弱（Waldhardt and Otte，2003）。

定量指示植物（Quantitative Indieator）是指随牧压增强其优势度也有规律地增强（正的）或减弱（负的）的植物，其优势度的大小可以指示牧压的强弱程度。正定量指示植物即增加者，而负定量指示植物即减少者（Dyksterhuis，1949）。

研究结果显示，禁牧区羊草和大针茅的优势度较高，其中大针茅优势度显著大于轮牧区和连续放牧区，这结果与安渊等（2001）、杨浩等（2009）、李永宏（1993）的研究结果一致。研究指出，羊草和大针茅属于负定量指示植物，即随着放牧率的增加，羊草、大针茅优势度呈现下降的趋势，在放牧草原群落中，受长期过度放牧的影响，该种群严重衰退，成为稀疏矮化的残存种群，而禁牧区其优势度相对较高。Matthew（1995）指出，大针茅单丛分蘖密度在一定范围内随着放牧率的增加呈现单峰型增长，是大针茅种群为弥补叶面积损失而进化形成的一种适应放牧的有益对策，当放牧率降低或禁止放牧时，大针茅能够在很短的时间内增加其生物量；当放牧率超出这个范围，补偿特性消失，个体衰老和死亡速率加快（Matthew et al.，1995）。

安渊等（2001）对不同季节的大针茅对放牧的响应进行研究后发现，生长季不同，大针茅种群的净初级生长量存在很大差异，初夏期间，适度放牧可以刺激大针茅分蘖，并且有利于清除枯草层，改善种群微生态环境，增加基部的光照和温度，促进分蘖的生长，从而增加净初级生长量。Bircham 和 Hodgson（1983）根据放牧草地植物净积累量 = 总生长量 –（枯死量 + 采食量），指出秋季、低放牧率下（采食量相对较低）大针茅净初级生长量下降的原因有两个：①植物总生长量降低。②植物自然衰老和死亡的比例较高，且后者的作用更大些。由此可见，大针茅种群存在一个适宜的利用率范围，合理利用能够降低大针茅自然衰老和死亡的速率，增加净初级生长量，提高大针茅草原的利用效率。

李永宏（1994）研究发现，随着牧压的增加，羊草的优势度逐步下降，在整个牧压梯度系列上，羊草属于放牧负定量指示植物；羊草的优势度随牧压的增强先升高再下降。这说明适度的放牧虽使羊草的植株变小，但可促进其枝条的形成，进而在一定程度上增加羊草的优势度。他又指出，丛生禾草大针茅也有类似的特性，但其在重牧压地段消失，而以克氏针茅代之。本书的研究结果为大针茅和羊草的优势度轮牧区大于连续放牧区，而且连续放牧区大针茅优势非常低（1.68%），反而克氏针茅优势较高（14.13%）。此现象也符合上述结果和理论。

研究区寸苔草、冷蒿优势度轮牧区最高，连续放牧区次之，禁牧区最小，其中寸苔草优势度轮牧区显著大于连续放牧区和禁牧区（$p<0.05$）。克氏针茅、尖头叶藜、糙隐子草、多根葱、猪毛菜、细叶韭的优势度连续放牧区最高，其中克氏针茅、糙隐子草、多根葱、猪毛菜的优势度轮牧区次之，禁牧区最小；尖头叶藜和细叶韭的优势度禁牧区次之，轮牧区最小。克氏针茅和糙隐子草优势度连续放牧区显著大于轮牧区和禁牧区（$p<0.05$），细叶韭优势度连续放牧区显著大于轮牧区（$p<0.05$）。以上结果与李永宏（1994）指出的寸苔草、冷蒿、克氏针茅、尖头叶藜、糙隐子草、多根葱、猪毛菜、细叶韭均属于正定性指示植物或正定量指示植物的结果吻合。例如，冷蒿在研究区未退化群落中属于下层伴生种，在退化过程中，由于高大禾草种群的衰退，冷蒿的地上现存量和密度的绝对量与相对量均有增加，以至成为主要优势种群。冷蒿也含有单萜、倍半萜及山道年类物质（《全国中草药汇编》编写组，1975），所以在生长季内家畜的嗜食性不高。冷蒿有两种繁殖方式：一是风播

种子，二是匍匐枝生不定根进行营养繁殖。因此，冷蒿可形成两种根系：一种是实生苗定居后形成的轴根系，具有深根性，可分布到70cm以下的土层中；另一种是由不定根构成的浅根性根系，主要分布在0~30cm的层次中。随着群落的退化，冷蒿可通过两种有效的繁殖方式扩大种群，以发达的根系占领资源空间，因此可发展成为退化群落的优势种群，是放牧强度最有效的正定量指示植物。

典型草原主要植物类型在持续重牧下都趋同于冷蒿草原，因而冷蒿在放牧演替研究中有着极为重要的地位。即使典型草原主要植物类型在重牧下趋同于冷蒿草原，但这并不意味着冷蒿草原到达了不可继续退化的“放牧顶级”（李永宏，1994）。在极度重牧地段冷蒿也消失，仅有多根葱、细叶韭或尖头叶藜、猪毛菜等一年生植物，甚至裸地。多根葱由多数鳞茎紧密聚生而呈密丛型，以分蘖进行营养繁殖；其根系分布较浅，多集中在0~20cm的土层内；叶肉质化，具储水组织，如按（鲜重 - 干重）/ 干重计算植物含水量，多根葱高达300%，而羊草幼嫩枝叶仅达130%。多根葱根系集中分布的浅层土壤通常是土壤含水量变幅最大的层次，它依靠贮水功能，有效地抵御降水不均匀造成的季节性干旱。这种特性是根系分布范围相近、营养繁殖等拓殖手段相似的糙隐子草所不具备的。此外，多根葱种群在群落中可以形成较为紧密的聚块，也有助于维持其种群密度的相对稳定（王鑫厅等，2011）。

放牧区受放牧影响草原生态发生退化，群落逆行演替非常明显，冷蒿、寸苔草优势度轮牧区最高，而尖头叶藜、多根葱、细叶韭、糙隐子草等植物的优势度连续放牧区最高，从三个对比区物种优势度结构来看，连续放牧区草原退化程度最大，轮牧区次之，禁牧区最低。从禁牧的大针茅 + 羊草草原变为更具有耐牧属性的羊草 + 寸草 + 冷蒿 + 糙隐子草草原或寸草 + 糙隐子草 + 多根葱 + 尖头叶藜 + 猪毛菜草原。

值得说明的是，上述所有的指示植物，尤其是定量指示植物，均是相对于一定的草原类型或一定的地区而言的，即指示植物是有区域性的。

三、不同放牧制度对物种多样性的影响

全球变化和人类活动在全世界范围内以前所未有的速度影响着生物多样性的变化（Grime，1998；Valencia et al.，2015），放牧产生的许多问题已经在多方面得到重视和研究（李香真，1999；丁小慧等，2012），其中放牧对物种多样性影响是一个重要的研究方向。关于草原群落的植物多样性与放牧的关系，已有了大量的研究报道（Grime，1973；Collins，1987；王国杰，2005）。本书的研究结果显示，不同放牧制度区的 R 丰富度指数、Shannon-Wiener 指数、Pielou 均匀度指数三者无显著差异，说明中蒙跨境地区不同放牧制度对群落物种多样性尚未产生显著影响，或从 Simpson 指数连续放牧区和禁牧区显著大于轮牧区可以看出，不同放牧制度对群落物种多样性的影响正在向显著差异方向发展（$p<0.05$）（见图 4–5 至图 4–8）。

研究结果显示，R 丰富度指数连续放牧区 > 轮牧区 > 禁牧区（见图 4–5），这是由于禾本类草等牛羊喜食牧草被大量采食，从而留给杂草类和短命植物更多的生存空间和资源（Mcintyre et al.，2003），同时，放牧造成植物矮化以及植物形态的可塑性，导致连续放牧区和轮牧区 R 丰富度指数大于禁牧区。这与很多前人的研究结果相符合（Oba et al.，2001；Altesor et al.，2005）。也有些学者认为，禁牧可以增加植物多样性（Sternberg et al.，2000；Akiyama and Kawamura，2007；Firincioglu et al.，2007），他们认为过度干扰可以使某些种群消失从而降低植物多样性，如强度放牧导致适口性牧草减少或消失，而禁牧条件下适口性牧草增加从而导致物种丰富度和多样性提高（Marcelo et al.，2000）。放牧家畜通过改变局部

物种的定植与灭绝速率动态调控植物群落丰富度，当局部物种灭绝速率低于定植速率时不引起局部物种丰富度降低；相反，当局部物种的灭绝速率高于定植速率时引起局部物种丰富度降低，甚至导致整个群落的消失（Han and Ritchie，1998；Olff and Ritchie，1998；汪诗平等，2001）。从数据结果看，三个对比区中放牧压力最高的连续放牧区还没到致使很多物种消失的程度，反而其丰富度略高于禁牧区和轮牧区。虽然轮牧区与连续放牧区载畜率没有显著差异，但轮牧区放牧压力低于连续放牧区，物种及群落平均高度、总盖度、地上生物量等远高于连续放牧区，冷蒿、寸苔草等占明显优势，这一定程度上压制了平常竞争比冷蒿、寸苔草、糙隐子草劣势的物种的生长，导致轮牧区丰富度低于连续放牧区。而且研究区选择在中蒙跨境地区生态因子基本一致的 1400km^2 面积区域，放牧率没有显著差异，这也是三个不同放牧制度区物种丰富度无显著差异的重要原因。

从 Pielou 均匀度指数所表达的各种类个体数量分配结果来看，禁牧区 > 连续放牧区 > 轮牧区（见图 4-8），主要原因可能是禁牧区不受放牧影响，植被分布相对均匀，且群落物种之间关系状态稳定。较高放牧率放牧对典型草原植被群落干扰所导致的各物种之间的非均衡化远大于自然状态下各物种之间的非均衡性（柳剑丽等，2013）。连续放牧与轮牧之间的差异主要是连续放牧区放牧压力较大，草原退化严重，牲畜采食选择性少，对平时适口性较差植物也进行大量采食，不能形成占统治地位的优势度层，导致连续放牧区各个种类的个体数量分配相对均衡。

Shannon-Wiener 指数和 Simpson 指数的变化趋势基本相似，连续放牧区 > 禁牧区 > 轮牧区（见图 4-6 和图 4-7），三个对比区的 Shannon-Wiener 指数差距很小，连续放牧区的最大值和轮牧区的最小值之间差距不到 0.1。这与上述的选择实验地密切相关。

在养分条件较好的草地生态系统，一些研究结果之所以支持中度干扰假说，主要是因为在没有放牧干扰的条件下，植株高大的物种在群落中占绝对优势，种间竞争以光竞争为主，群落下层光的透过性较低，抑制了物种多样性的增加；而中度放牧干扰降低了高大物种的竞争优势，群落下层植株较矮的物种显著增加，呈现高草和矮草共存的分布格局，因而其物种多样性较高；重度放牧条件下，群落中仅包含少数耐牧种，物种多样性显著减少（Connell，1978；Milchunas et al.，2014）。然而，内蒙古典型草原是受水分和氮素共同限制的生态系统，物种之间的竞争主要表现为对地下资源（水分和养分）的竞争。由于水分和养分的限制，群落覆盖度相对较低，物种间的光竞争较弱，放牧进一步降低了群落覆盖度，抑制了不耐牧物种的生长，进而使物种多样性呈现随放牧强度增加而降低的格局（Bai et al.，2004）。放牧中度干扰对不同的草地群落类型和不同的放牧率阶段具有明显的生态阈值：在蒙古草原一般湿润草甸，中度干扰出现在轻、中度放牧率阶段，杨利民（2001）、Sasaki（2008）等得出了类似结果；较干旱的典型草原耐牧性较强，中度干扰一般出现在中、重度放牧率阶段；干旱的典型草原根本不支持中度干扰学说（杨利民和韩梅，2001）。从本书研究结果来看，Shannon-Wiener 指数连续放牧区大于禁牧区和轮牧区，这进一步表明，典型草原中度干扰可能出现在重度放牧率阶段。轮牧与连续放牧相比具有减少放牧压力的作用，群落由禁牧区的大针茅、羊草占绝对地位退化至轮牧区的冷蒿、寸苔草等优势种占统治地位，物种多样性低于连续放牧区。但也有研究认为，放牧条件会改变草地物种间的竞争强度，致使一些在竞争上占劣势的植物种因竞争而被排除，导致群落中物种多样性降低（孙世贤等，2013）。另外，是否拥有大量稀有种是判断生物多样性高低的一项重要指标（Godron et al.，1971；Mouillot et al.，2013）、本研究中禁牧区和轮牧区稀有种稀少，这也是导致物种多样性较低的一个原因。由于伴有种和稀有种的数量不多，分布范围较小，且大部分稀有种的适口性较好，在轮牧条件下极易受到牲畜的采食，导致其数量减少甚至消失，如冰草、阿尔泰狗娃花、细叶韭和野韭这些叶片较大、水分含量较高、适口性较好的牧草（张璐，2011）。相反，以往基于生物量数据计算多样性指数的研究认为，优势种具有较高的生物量，因此对生态系统功能起主导作用，而稀有种处于次要地位，对生态系统的影响有限（Kraft et al.，2011；Mouillot et al.，2013）。本书的研究通过相对高度、相对盖度、相对密度和相对频度来计算物种的优势度，最后获取 Shannon-Wiener 指数，而没有采取每个物种生物量数据来计算多样性指数。在实际调查过程中，连续放牧区退化程度相对高，丛生禾本草等多种物种的破碎化程度大，统计时频度和物种个体数量比轮牧区和禁牧区多，可能影响物种优势度，进而使连续放牧群落物种多样性偏高。

Simpson 指数禁牧区和连续放牧区基本相等，显著大于轮牧区（$p<0.05$），这似乎与中度干扰假说（Intermediate Disturbance Hypothesis）不符，实际中，家畜采食是一个非常复杂的生态过程，家畜不仅影响植物多样性，植物也会形成相应的对策来限制家畜的行为（Wang et al.，2010），当某一植物个体与适口性较高的物种共存形成邻居关系时，动物被更适口的植物吸引，从而减少了对该物种的采食（Danell et al.，1993）。在物种相对较少的典型草原中，大针茅与羊草在群落中占优势地位，从轮牧区物种优势度数据来看，羊草之上，寸苔草等适口性较差的物种稳定生长，在其之下，生长着冷蒿和尖头叶藜等适口性更差的植物，轮牧区虽然退化现象明显，但与连续放牧区相比，其羊草和大针茅优势度较高，绵羊仔觅食过程中优先选择适口性较高的羊草等物种，导致羊草、大针茅的优势度逐渐降低，而寸苔草和冷蒿优势度逐渐上升，因而物种间优势度差距较大同时 Simpson 优势度指数相对较低，轮牧区 Simpson 优势度指数小于禁牧区可能与此有关。Simpson 优势度指数连续放牧区与轮牧区之间的差异原因和 Pielou 均匀度指数连续放牧区与轮牧区之间的差异原因基本类似，连续放牧区放牧压力大于轮

牧区。

四、不同放牧制度对植物功能群的影响

植物功能群作为桥梁把环境、植物个体和生态系统结构、过程与功能联系起来（Kleyer，2002；Cornelissen et al.，2003），利用功能群进行相关研究已成为一种有效且便捷的手段。

植物功能群作为群体对外界干扰和环境影响做出相似反应，其主要的植物组群具有相似的生态变化过程（Lavorel and Garnier，2002），家畜的不均匀采食增加了生境的异质性，从而使草地群落植物组分、结构和多样性格局发生变化，进而影响整个生态系统的结构和功能（杨静等，2001）。草地生产力和群落结构在很大程度上受植物功能群多样性和组成的影响（Tilman，2001）。降雨、环境变化和放牧有助于提高功能群的多样性和物种的共存（Lorenzo et al.，2012）。

表 4-3 表明，旱生植物和旱中生植物优势度连续放牧区 > 禁牧区 > 轮牧区，而且旱生植物优势度连续放牧区和禁牧区显著大于轮牧区，连续放牧区与禁牧区之间无显著差异，旱中生植物优势度三个区无显著差异；中旱生植物和中生植物优势度轮牧区 > 禁牧区 > 连续放牧区，而且中旱生植物优势度轮牧区显著大于禁牧区和连续放牧区，连续放牧区与禁牧区之间无显著差异，中生植物优势度三个区无显著差异。以上结果说明，不同放牧制度区水分型功能群的差异明显，连续放牧区和禁牧区干旱化趋势明显大于轮牧区。主要原因可能是禁牧区完全排除放牧干扰，连续放牧区放牧干扰过于频繁、强度大，两者均不利于草原保持土壤水分；轮牧状态下则利于草原保持土壤水分。从调查数据可以看出，轮牧区地上生物量、总盖度和平均盖度等变量高于连续放牧区（见图 4-2 和图 4-3），植被的现存量、植被盖度可以防止或减少植被底部土壤直接被暴晒，

有效减少土壤水分蒸发量（杨智明，2005）。

有研究发现，适当放牧在干旱季节表现出较大的土壤呼吸速率，促进草原土壤对降水的吸收和利用水平（Hou et al.，2011）。蒙古草原是根据草场长势和降水条件进行轮牧，通过牲畜的啃食作用抑制植物的高生长，促进分蘖的生长，使同源遗传单位个体数量增加（王艳芬和汪诗平，1999），提高降水利用率，同时减少雨水对植物根部土壤的直接冲刷作用，防止水土流失（李勤奋等，2003）。如果放牧干扰过于频繁剧烈，多种物种的补偿特性消失，个体衰老和死亡速率加快，地上生物量和植被盖度迅速减少，大面积的表层土裸露化（赵吉，1999）。地表植被破坏后，除了增大地表的空气流动性、增强蒸发条件外，同等太阳光的直接照射下光合作用对太阳光能的消耗减少，使土壤接受的太阳能增加，土壤温度上升，地表的蒸发也增加，土壤含水量降低（佟乌云等，2000；林慧龙，2007）。再加上牲畜踩踏频率大，土壤孔隙缩小，不易于土壤呼吸，降水渗入能力也受阻，而且没有植被层的截流作用，容易发生水土流失，降水利用率明显降低（Gan et al.，2012）。这些可能导致地表土壤层和整个生态环境的干旱化趋势更加严重，促进耐牧耐干旱物种的优势度显著增加（Su et al.，2005）。

禁牧区因缺乏牲畜践踏带来的土壤松动作用和碾碎作用，地表发生硬化，对降水的渗入能力下降，易发生水土流失；另外，因缺乏牲畜粪便的输入，土壤不能及时得到营养补充，导致土壤干旱化和贫瘠化（宝音等，2009）。禁牧区排除了牲畜干扰，牧草蛋白质含量因成熟度增加而下降，牧草纤维含量随成熟度增加而增加，这影响牧草的补偿性生长，同时降低牧草直接吸收降水量的能力，影响降水量的利用程度，因此，禁牧区耐牧耐干旱物种优势度较高（锡林图雅，2008）。有研究表明，禁牧可以提高典型草原土壤养分和水分含量，有利于遏制草原土壤的退化。但也有研究指出，土壤养分和水分等受草地所处自然条件、禁牧时间的长短、土壤质地及机械组成等多因素的影响（Su et al.，2005）。

分析不同放牧制度区群落生活型功能群优势度发现（见表4-4），多年生禾本科、灌木和半灌木的优势度禁牧区 > 连续放牧区 > 轮牧区，其中多年生禾本科的优势度禁牧区和连续放牧区显著大于轮牧区，禁牧区和连续放牧区之间无显著差异，灌木和半灌木的优势度三个区无显著差异；多年生杂草和一二年生草本优势度轮牧区 > 连续放牧区 > 禁牧区，其中多年生杂草的优势度轮牧区显著大于禁牧区和连续放牧区，禁牧区与连续放牧区之间无显著差异，一二年生草本的优势度三个区无显著差异。主要原因可能如下：一方面，轮牧区牲畜的啃食作用抑制了大针茅、羊草等优势植物的高生长，促进冷蒿、寸苔草、多根葱、阿尔泰狗娃花、小叶棘豆等多年生杂草优势度增加；另一方面，轮牧减轻放牧压力，一定程度上利于植被盖度的土壤保水能力的提高，一些猪毛菜、尖头叶藜、黄花蒿、小花花旗杆等一二年生草本的优势度显著增加。

李永宏（1993）认为，牧压梯度上羊草草原和大针茅草原的植物多样性取决于群落种间竞争排斥和放牧对不同植物生长的抑制或促进作用。因此，禁牧群落中强烈的种间竞争排斥抑制了大多数植物的生长发育，大针茅、羊草等多年生禾本科植物占绝对统治地位，三种放牧制度区中多年生禾本科优势度最高，而多年生杂草受到抑制，其优势度较低。狭叶锦鸡儿、小叶锦鸡儿等灌木和草麻黄等半灌木个头大，根部深，耐干旱能力强，因此受影响较小，且禁牧避免了牲畜的采食，故禁牧区灌木和半灌木优势度最高。刘忠宽（2004，2006）认为，草地围封时间越长，植被灌丛化趋势越明显，可食程度降低，甚至会发生逆行演替和退化。

左小安等（2009）研究认为，重度放牧压力下，草原发生退化，群落结构趋于简单，在退化的各个阶段，耐旱耐牧的禾本科功能群在各个阶段始终保持着较高的优势地位，对群落生态功能的发挥和维持起着重要作用，同时草原灌木和半灌木化是草原退化的另一种重要表现。这也支持了本书的研究结果，连续放牧区多年生禾本科植物以及灌木和半灌木的优势度仅次于禁牧区。连续放牧区和禁牧区干旱化趋势比轮牧区严重，喜欢湿度较高生境的一二年生草本优势度较低。

另外，调查发现，连续放牧区大针茅退化演替为克氏针茅现象非常明显（见表 4–2）。内蒙古连续放牧制度使大面积草场被网围栏分割成多个小面积的草场，失去通达性，需要大面积草场来采食和长距离行走并较喜欢采食针茅类植物的马和骆驼的数量比蒙古国少很多（见表 5–1）。一般针茅类草场春季和早夏季成熟之前更有利用价值，因为针茅的颖果成熟时具有硬尖和长芒，常常刺伤绵羊的口腔和皮肤，影响绵羊健康和长膘，或混入羊毛影响皮毛质量。针茅成熟时期绵羊并不喜欢在有针茅的草场采食，但这不影响骆驼、马、牛等大牲畜的采食。轮牧更能灵活调整不同种类牲畜在不同季节有效利用不同草场，包括针茅草场。内蒙古自治区骆驼、马等大牲畜比例较小也一定程度上影响针茅、灌木和半灌木植物的采食，导致连续放牧区大针茅退化之后克氏针茅以及灌木和半灌木植物优势度占较高比例。

表 5–1　2016 年那仁和纳兰苏木牲畜头数

单位：头，只

牲畜	那仁	纳兰
骆驼	62（0.02%）	677（0.31%）
马	1988（0.61%）	18854（8.51%）
牛	17415（5.33%）	11348（5.12%）
绵羊	259289（79.39%）	108902（49.13%）
山羊	47857（14.65%）	81859（36.93%）
总数	326611	221640

注：括号内数据是各类牲畜数量占总牲畜数量的比例。

五、不同放牧制度对 NDVI 的影响

NDVI 对生态系统的变化响应明显（Sternberg et al.，2011），对于气候、地形、土壤等自然条件和放牧强度基本一致的区域而言，放牧制度很可能是影响草场的主导因素（Zhang et al.，2007；Wang et al.，2013）。

纳兰所在的蒙古国执行牲畜私有制始于 1990 年，至今仍保持传统的轮牧制度；而内蒙古自治区在原牲畜私有制的基础上，于 1990 年开始实行“草场承包到户”连续放牧政策，那仁苏木从轮牧逐渐变为连续放牧。

1989~2016 年的 28 年间，蒙古国纳兰苏木样方对应牧户平均载畜量为 42 羊单位 /km^2，而内蒙古自治区那仁苏木样方对应牧户平均载畜量为 50 羊单位 /km^2，无显著性差异（$p>0.05$）（见表 2–6）。

5 期 NDVI 结果表明，随着时间推移，轮牧区和连续放牧区的 NDVI 值出现了不同，即连续放牧区草原退化大于（或 NDVI 低于）轮牧区（见图 4–9 至图 4–13）。

18 世纪末 James Anderson 提出轮牧理论之后，很多人分别在不同地区进行试验并支持了他的观点，即轮牧可以提高牧草的产量和草地利用率（Derner et al.，1994；Jacobo et al.，2006）。也有研究表明，轮牧可以促进草地植被恢复，提高草群盖度和牧草品质（Savory and Stanley，1980）。特别是根据不同的地理条件选择适宜的放牧制度，能够提高草地利用效率，防止草地退化，并有益于家畜生产（Hao et al.，2013）。但是，Derek W. Bailey 提出，在干旱和半干旱地区，及时调整放牧强度比轮牧和禁牧更能够维护和改善区域和景观尺度上的生态健康（Bailey and Brown，2011）。Martin 等研究表明，草地基况差时，轮牧可以促进草地植被恢复，草地基况好时，这种影响较小（Severson，1988）。Heitschmidt 选择牛作为试验动物在得克萨斯州进行研究，得出以下结论：轮牧和连

续放牧对植被环境的影响基本相同，差异主要是放牧强度不同引起的（Severson，1988）；他还发现放牧季节不同，放牧制度对植被产生的影响也不同（Heitschmidt et al.，1982）。禁牧区与放牧区NDVI动态结果表明，禁牧对地上生物量、盖度起到了保护作用，原因与上述禁牧区和放牧区的“四度一量”存在差异的原因相同。2005年NDVI值禁牧区与轮牧区无显著差异（见图4-11），2011年NDVI值轮牧区甚至大于禁牧区（见图4-12），这些信息表明，在一定条件下，放牧草场植被的NDVI可以超过禁牧草场。例如，2005年纳兰降水（90mm）比平均降水量少，研究区NDVI值也较低，其中轮牧区NDVI值与禁牧区无显著差异；2011年纳兰降水（217.56mm）就比平均降水量（216.80mm）高，研究区NDVI值也相对较高，其中轮牧区NDVI值大于禁牧区，两者无显著差异。此结果与部分研究者指出的适度放牧能够提高草地群落的物种丰富度和生物量的观点吻合，他们指出，适度放牧时，植物多样性和功能多样性最高，从而提高了植物群落结构的复杂性和稳定性，有利于草地的可持续利用（Lavorel et al.，1997；Ruifrok et al.，2014）。另外，Collins和Loeser的研究指出，禁牧时间过长不利于群落维持较高的多样性和生产力（Collins，1987；Loeser et al.，2007）。综合以上研究结果与本书研究得出的禁牧区总个体密度和丰富度低于轮牧区和连续放牧区的结果发现，判定禁牧与放牧哪个制度更优越还需要进一步考证。

六、不同放牧制度对植物群落稳定性的影响

稳定性的概念来源于系统控制论，常指系统受到外界干扰后系统的偏差量（状态偏离平衡位置的数值）过渡过程的收敛性。将稳定性的概念引入生态系统研究后，在现代生态学领域引起了广泛的争论，新的假说、观点不断推出，又不断被否定和修正。尽管目前

对生态系统稳定性的认识尚存在许多争议，但经过长期发展，人们就生态系统稳定性初步达成了共识，生态系统稳定性包含了两个方面的内容：一是系统保持现状的能力，即抗干扰的能力；二是系统受到干扰后回到原来状态的能力，即扰动后的恢复能力（MA，2002）。

尽管生态学家在研究中提出了一些生态系统稳定性的测度方法（Goodman and Daniel，1975），但这些方法都有不同程度的缺陷，无法全面有效地应用于实际生态系统稳定性的评价。因此，研究者针对不同的生态系统提出了各自的稳定性评价指标（Xiaoli et al.，2003；张金萍，2006）。

本书从群落角度研究生态系统稳定性。植物的群落稳定性是一个非常复杂的问题，所涉及的内容包括群落的组成、功能和一切干扰因素（王永健等，2006）。虽然不少学者做了大量的工作，但仍有许多问题值得深入研究。一个群落的物种数目及物种所包含的个体数量在一定程度上反映了群落的特征，体现了群落的发展阶段和稳定程度。为了全面反映中蒙跨境地区典型草原植被群落稳定性的实际情况，本书改进了 M. Godron 群落稳定性测定方法，分别对频度 M. Godron 群落稳定性和盖度 M. Godron 群落稳定性进行了研究。

频度 M. Godron 群落稳定性计算结果（见表 4–5 和图 4–14）显示，连续放牧区 > 轮牧区 > 禁牧区，在三个对比区中，物种丰富度指数大的群落相对稳定，物种丰富度指数小的群落则不稳定。此结果与刘景玲等（2006）对内蒙古自治区中东部草原植物群落的实验得出的结论一致。

盖度 M. Godron 群落稳定性计算结果（见表 4–6 和图 4–15）显示，轮牧区 > 连续放牧区 > 禁牧区，原因可能是禁牧区虽然盖度大于轮牧区和连续放牧区（见图 4–2），但各物种盖度之间相差较大（见图 5–1），如禁牧区大针茅、羊草、木地肤等物种的盖度分别为25.71%、13.71%、12.86%，占绝对优势，其余物种盖度均低于6.44%。轮牧区和连续放牧区物种丰富度高于禁牧区，并且与禁牧区对比，轮牧区和连续放牧区各物种盖度较均衡，如轮牧区寸苔草优势度为23.37%，羊草优势度为16.20%，冷蒿优势度为11.48%。连续放牧区除了克氏针茅盖度为15%、糙隐子草优势度为7.26%较突出之外，其余多数物种盖度较均匀。连续放牧与轮牧的差异可能是连续放牧区物种盖度显著低于轮牧区（见图4-2）且变化幅度较大（见图5-1）造成的。例如，轮牧区物种平均总盖度为64.30%，标准差为9.82；而连续放牧区物种平均总盖度为56.52%，标准差为17.42。此结果与白永飞等（2002）的结果相似。

Pimm（1984）指出，物种生态多样性和生态稳定性之间并不存在简单的相关关系。杨殿林等（2006）也得出生态多样性和生态稳定性之间的相关关系不显著的结果。出现这种情况有两方面的原因（Boucot，1985；杨殿林等，2006）：一是建群种及其优势度的变化。当建群种为演替后期植物种并占据相对较大的优势时，其物种多样性与稳定性存在较好的一致性；当建群种为演替前期植物种并占据绝对优势时，其物种多样性与群落稳定性也存在较好的一致性；而当演替前期植物种占据相对较大的优势，而演替后期植物种占据的优势较小时，其群落物种多样性与群落稳定性则不一致。二是放牧干扰。物种多样性和群落稳定性之间不存在简单的线性关系，而存在明显的不确定性。放牧能够增加或减少物种多样性，并能导致群落稳定性的变动。

因此，稳定性的研究应该强调产生多样性和稳定性的基础和影响因子。结合物种丰富度、物种特性、群落结构和干扰因子来研究稳定性，将会促进天然草原稳定性机制的研究。

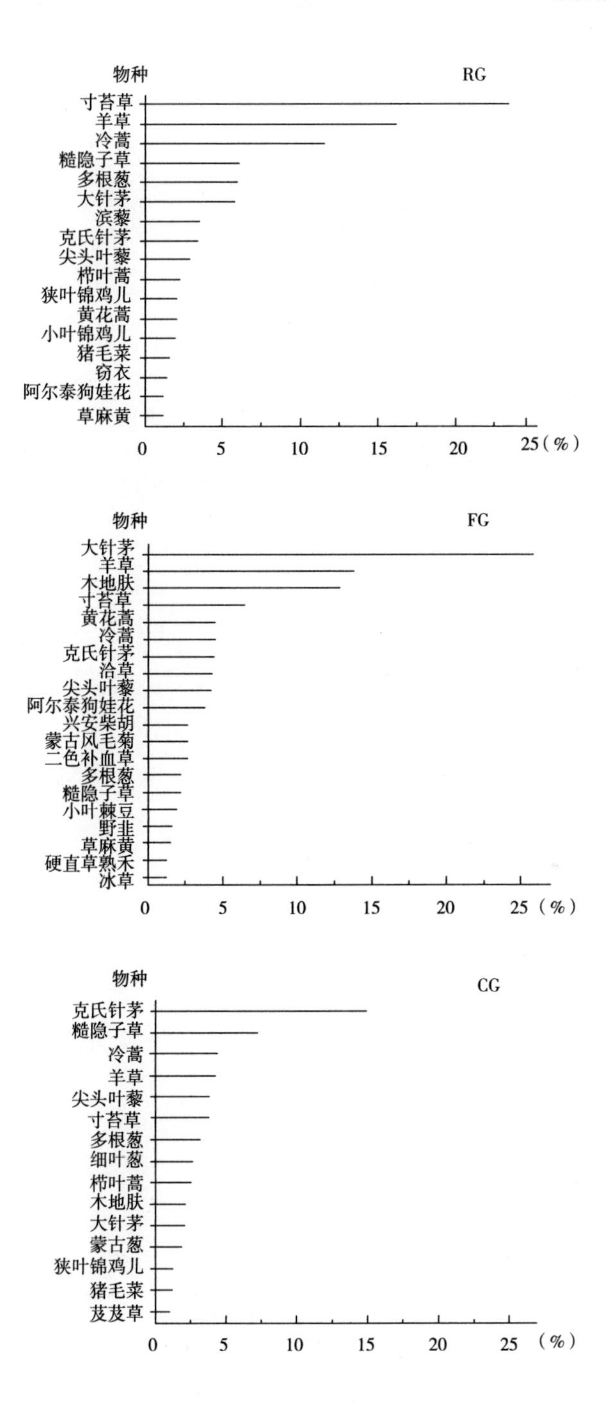

图 5-1 不同放牧制度区物种盖度值（盖度值 >1%）

第六章

结　论

本书的研究结论如下：

第一，群落平均高度、总盖度、总地上生物量禁牧区＞轮牧区＞连续放牧区，平均高度、总地上生物量三区显著差异（$p<0.05$），总盖度禁牧区和轮牧区显著大于连续放牧区（$p<0.05$），轮牧区与禁牧区之间无显著差异。可见，放牧制度显著改变了研究区植被群落基本特征。主要原因可能是放牧牲畜的采食和踩踏等行为使植物叶面积指数降低，光合能力下降，改变了牧草数量和结构，进而影响植物群落的基本特征。

第二，分析优势度大于 3% 的 10 个物种对不同放牧制度的响应，发现不同放牧制度对不同物种产生的影响差异显著。虽然研究区草原群落退化和逆行演替非常明显，但典型草原仍然保持以耐牧耐旱的多年生禾草为主导的植物群落，禁牧区大针茅、羊草占绝对优势；轮牧区大针茅和羊草优势度降低，冷蒿、寸苔草占优势；连续放牧区大针茅退化以后克氏针茅占优势，除此之外，尖头叶藜、多根葱、细叶韭、糙隐子草等多种耐牧耐旱物种优势度明显增加。植物除主要受放牧压力导致的逆向演替的影响之外，放牧对草原群落物种的选择性强度是影响不同物种优势度的关键因素。

第三，R 丰富度指数、Shannon-Wiener 指数、Pielou 均匀度指数三种放牧制度区无显著差异，说明中蒙跨境地区不同放牧制度对群落物种多样性尚未产生显著影响，或从 Simpson 指数连续放牧区和禁牧区显著大于轮牧区可以看出，这种影响正在向显著差异方向发展。由于禾本类草等牛羊喜食牧草被大量采食，杂草类和短命植物便有了更多的生存空间和资源，同时，因放牧造成的植物矮化以及植物形态的可塑性导致连续放牧区和轮牧区物种多样性指数大于禁牧区。连续放牧区 Shannon-Wiener 指数大于禁牧区和轮牧区是由于典型草原中度干扰可能出现在重度放牧率阶段，而且轮牧相较于连续放牧而言具有减少放牧压力的作用，群落由禁牧区的大针茅、羊草占绝对地位退化至轮牧区的冷蒿、寸苔草等优势种占统治地位，多样性不如连续放牧区。

第四，不同放牧制度区，水分型功能群、生活型功能群差异明显。旱生植物连续放牧区和禁牧区显著大于轮牧区，而中旱生植物轮牧区显著大于禁牧区和连续放牧区。多年生禾本科禁牧区和连续放牧区显著大于轮牧区，禁牧区和连续放牧区之间无显著差异；多年生杂草轮牧区显著大于禁牧区和连续放牧区，禁牧区与连续放牧区之间无显著差异。可见，连续放牧区和禁牧区干旱化趋势明显大于轮牧区，进而耐旱耐牧多年生禾本、灌木和半灌木优势增加，主要原因可能是放牧在一定放牧强度范围内更利于使草原保持土壤水分、改善植被群落。

第五，5 期 NDVI 数据中，1989 年、2005 年、2011 年、2016 年 NDVI 值轮牧区高于连续放牧区，其中 2011 年、2016 年 NDVI 值轮牧区显著高于连续放牧区。禁牧区与放牧区 NDVI 动态结果表明，禁牧对地上生物量、盖度起到了保护作用，原因与上述群落基本特征存在差异原因相同。

第六，频度 M. Godron 群落稳定性计算结果显示，连续放牧区 > 轮牧区 > 禁牧区，表现为物种丰富度指数大的群落相对稳定，物种丰富度指数小的群落则不稳定。盖度 M. Godron 稳定性计算结果显示，轮牧区 > 连续放牧区 > 禁牧区，总盖度和物种盖度关系密切，不过植物的群落稳定性是一个非常复杂的问题，所涉及的内容包括群落的组成、功能和一切干扰因素。

综合分析表明，相同自然条件和同等放牧强度下，现状样方调查和动态 NDVI 调查结果显示，禁牧区的平均高度、总地上生物量、多数年份 NDVI 值显著大于放牧区；轮牧草场的平均高度、总盖度、总个体密度、总地上生物量和多数年份 NVDI 值高于连续放牧草场，但禁牧区和放牧区整个生长期的累计生长高度和累计生物量等需要设置植物补偿性生长实验去判别禁牧和放牧的优越性；群落物种多样性尚未产生显著差异；因不适当放牧，草原群落退化和逆行演替非常明显，从禁牧的大针茅 + 羊草草原变为更具有耐牧属性的羊草 + 寸草 + 冷蒿 + 糙隐子草草原或寸草 + 糙隐子草 + 多根葱 + 尖头叶藜 + 猪毛菜草原；功能群差异明显，连续放牧区和禁牧区干旱化趋势明显大于轮牧区，进而耐旱耐牧多年生禾本、灌木和半灌木优势增加。

以上分析表明，相同自然条件和同等放牧强度下，不同放牧制度对典型草原植物群落的影响明显，在一定程度上轮牧优于连续放牧。然而，因植被类型、放牧强度、放牧时间、牲畜类型及其比例和其他环境条件的不同，放牧制度对植物群落的影响是较为复杂的，将来还需要结合空间差异、群落物种结构、种间关系等，使用相关性分析、主成分分析等多种研究方法进行深入研究。

参考文献

［1］Akiyama T.，K. Kawamura. Grassland Degradation in China：Methods of Monitoring，Management and Restoration［J］. Japanese Society of Grassland Science，2007，53（1）：1-17.

［2］Allen D. M. Planned Beef Production［J］. Outlook on Agriculture，1985，14（1）：41-47.

［3］Altesor A.，M. Oesterheld，E. Leoni，et al. Effect of Grazing on Community Structure and Productivity of a Uruguayan Grassland［J］. Plant Ecology，2005，179（1）：83-91.

［4］Anderson，Briskev. Tiller Dispersion in Populations of the Bunchgrass Schizachyrium Scoparium：Implications for Herbivory Tolerance［J］. Oikos，1990，59（1）：50-56.

［5］Angerer J.，G. Han，I. Fujisaki，et al. Climate Change and Ecosystems of Asia with Emphasis on Inner Mongolia and Mongolia［J］. Rangelands，2008，30（3）：46-51.

［6］Armour C.，D. Duff，W. Elmore. The Effects of Livestock Grazing on Western Riparian and Stream Ecosystem［J］. Fisheries，1994，19（9）：9-12.

［7］Austrheim G.，O. Eriksson. Plant Species Diversity and Grazing in the Scandinavian Mountains— Patterns and Processes at

Different Spatial Scales [J]. Ecography，2008，24（6）：683-695.

[8] Bai Y.，X. Han，J. Wu，et al. Ecosystem Stability and Compensatory Effects in the Inner Mongolia Grassland [J]. Nature，2004，431（7005）：181-184.

[9] Bailey D. W.，J. R. Brown. Rotational Grazing Systems and Livestock Grazing Behavior in Shrub-Dominated Semi-Arid and Arid Rangelands [J]. Rangeland Ecology & Management，2011，64（1）：1-9.

[10] Baker M. J. Grasslands for Our World [M]. Wellington，SIR Publishing，1993.

[11] Bircham J. S.，J. Hodgson. The Influence of Sward Condition on Rates of Herbage Growth and Senescence in Mixed Swards under Continuous Stocking Management [J]. Grass & Forage Science，1983，38（4）：323-331.

[12] Bisigato A. J.，B. B. Mónicar，J. O. Ares，et al. Effect of Grazing on Plant Patterns in Arid Ecosystems of Patagonian Monte [J]. Ecography，2005，28（5）：561-572.

[13]Boucot A. J. The Complexity and Stability of Ecosystems[J]. Nature，1985，315（6021）：635-636.

[14] Burke I. C.，C. M. Yonker，W. J. Parton，et al. Texture，Climate，and Cultivation Effects on Soil Organic Matter Content in U.S. Grassland Soils [J]. Soil Science Society of America Journal，1989，53（3）：800-805.

[15] Butler，Briskej. Density-Dependent Regulation of Ramet Populations within the Bunchgrass Schizachyrium Scoparium : Interclonal Versus Intraclonal Interference [J]. Journal of Ecology，1989，77（4）：963-974.

[16] Carlson T. N.，D. A. Ripley. on the Relation between NDVI，

Fractional Vegetation Cover, and Leaf Area Index [J]. Remote Sensing of Environment, 1997, 62 (3): 241–252.

[17] Carrera A. L., M. B. Bertiller, C. Larreguy. Leaf Litterfall, Fine–Root Production, and Decomposition in Shrublands with Different Canopy Structure Induced by Grazing in the Patagonian Monte, Argentina [J]. Plant & Soil, 2008, 311 (1–2): 39–50.

[18] Collins S. L. Interaction of Disturbances in Tallgrass Prairie : A Field Experiment [J]. Ecology, 1987, 68 (5): 1243–1250.

[19] Collins S. L., J. A. Bradford, P. L. Sims. Succession and Fluctuation in Artemisiadominated Grassland [J]. Vegetatio, 1988, 73 (2): 89–99.

[20] Connell J. H. Diversity in Tropical Rain Forests and Coral Reefs [J]. Science, 1978, 199 (4335): 1302–1310.

[21] Conte T. J., B. Tilt. The Effects of China's Grassland Contract Policy on Pastoralists' Attitudes towards Cooperation in an Inner Mongolian Banner [J]. Human Ecology, 2014, 42 (6): 837–846.

[22] Coppock D. L., J. E. Ellis, D. M. Swift. Seasonal Patterns of Activity, Travel and Water Intake of Livestock in South Turkana, Kenya [J]. Journal of Arid Environments, 1988, 14 (3): 319–331.

[23] Cornelissen J. H. C., S. Lavorel, E. Garnier. A Handbook of Protocols for Standardised and Easy Measurement of Plant Functional Traits Worldwide [J]. Australian Journal of Botany, 2003, 51 (4): 335–380.

[24] Danell, Lundberg, Hjalten. Herbivore Avoidance by Association : Vole and Hare Utilization of Woody Plants [J]. Oikos, 1993, 68 (1): 125–131.

[25] David, Sneath. Social Relations, Networks and Social

Organisation in Post-Socialist Rural Mongolia [M]. Mongolila, Nomadic Peoples, 1993.

[26] Deák B., B. Tóthmérész, O. Valkó. Cultural Monuments and Nature Conservation : A Review of the Role of Kurgans in the Conservation and Restoration of Steppe Vegetation [J]. Biodiversity and Conservation, 2016, 25 (12): 2473-2490.

[27] Derner J. D., R. L. Gillen, F. T. Mccollum, et al. Little Bluestem Tiller Defoliation Patterns under Continuous and Rotational Grazing [J]. Journal of Range Management, 1994, 47 (3): 220-225.

[28] Dickman M. The Effect of Grazing by Tadpoles on the Structure of a Periphyton Community [J]. Ecology, 1968, 49 (6): 1188-1190.

[29] Dyer A. R. Burning and Grazing Management in a California Grassland : Effect on Bunchgrass Seed Viability [J]. Restoration Ecology, 2002, 10 (1): 107-111.

[30] Dyksterhuis E. J. Condition and Management of Range Land Based on Quantitative Ecology [J]. Journal of Range Management, 1949, 2 (3): 104-115.

[31] Du, C., M. Shinoda, K.Tachiiri, et al. Mongolian Nerders' Vulnerability to Dzud : A Study of Record livestock Mortality Leveis during the Severe 2009/2010 Winter [J]. Natural Hazards, 2017 (1): 1-15.

[32] Endicott E. Beyond Great Walls : Environment, Identity, and Development on the Chinese Grasslands of Inner Mongolia (Review) [J]. China Review International, 2003, 10 (1): 272-277.

[33] Fan L., Y. Gao, H. Brück, et al. Investigating the

Relationship between NDViI and LAI in Semi-Arid Grassland in Inner Mongolia Usingin-Situmeasurements [J]. 2009, 95 (1-2): 151-156.

[34] Fartmann T., B. Kraemer, F. Stelzner. Orthoptera as Ecological Indicators for Succession in Steppe Grassland [J]. Ecological Indicators, 2012 (20): 337-344.

[35] Firincioğlu H. K., S. S. Seefeldt, B. Sahin. The Effects of Long-Term Grazing Exclosures on Range Plants in the Central Anatolian Region of Turkey [J]. Environmental Management, 2007, 39 (3): 326-337.

[36] Gan L., X. Peng, S. Peth, et al. Effects of Grazing Intensity on Soil Water Regime and Flux in Inner Mongolia Grassland, China [J]. Pedosphere, 2012, 22 (2): 165-177.

[37] Glenn-Lewin, D. C., R. K. Peet, T. T. Veblen. Plant Succession : Theory and Prediction [J]. Journal of Ecology, 1993, 81 (4): 830-831.

[38] Godron M., P. Daget, J. Poissonet. Some Aspects of Heterogeneity in Grasslands of Cantal (France) [C]. International Symposium on Stat Ecol New Haven, 1971.

[39] Goodman, Daniel. The Theory of Diversity-Stability Relationships in Ecology [J]. Quarterly Review of Biology, 1975, 50 (3): 237-266.

[40] Griffin G. D., M. G. Nolan, C. E. Easterly. Concerning Biological Effects of Spark-Decomposed SF/Sub 6/ [J]. IEE Proceedings A - Physical Science, Measurement and Instrumentation, Management and Education, 2006, 137 (4): 221-227.

[41] Grime J. P. Competitive Exclusion in Herbaceous Vegetation [J]. Nature, 1973, 242 (5396): 344-347.

[42] Grime J. P. Benefits of Plant Diversity to Ecosystems : Immediate, Filter and Founder Effects [J]. Journal of Ecology, 1998, 86 (6): 902–910.

[43] Han O., M. E. Ritchie. Effects of Herbivores on Grassland Diversity [J]. Trends in Ecology & Evolution, 1998, 13 (7): 261–265.

[44] Hao J., U. Dickhoefer, L. Lin. Effects of Rotational and Continuous Grazing on Herbage Quality, Feed Intake and Performance of Sheep on a Semi–Arid Grassland Steppe [J]. Archives of Animal Nutrition, 2013, 67 (1): 62–76.

[45] Hart R. H. Smart : A Simple Model to Assess Range Technology [J]. Journal of Range Management, 1989, 42 (5): 421–424.

[46] Heitschmidt R. K., S. L. Dowhower, J. W. Walker. Some Effects of a Rotational Grazing Treatment on Quantity and Quality of Available Forage and Amount of Ground Litter [J]. Journal of Range Management, 1987, 40 (4): 318–321.

[47] Heitschmidt R. K., R. A. Gordon, J. S. Bluntzer. Short Duration Grazing at the Texas Experimental Range : Effects on Forage Quality [J]. Journal of Range Management, 1982, 35 (3): 372–374.

[48] Huete A. R. A Soil–Adjusted Vegetation Index (SAVI) [J]. Remote Sensing of Environment, 1988, 25 (3): 295–309.

[49] Humphrey R.R. Fire in the Deserts and Desert Grassland of North America [J]. Fire & Ecosystems, 1974 : 365–400.

[50] Hurlbert S. H. The Nonconcept of Species Diversity : A Critique and Alternative Parameters [J]. Ecology, 1971, 52 (4): 577–586.

[51] Jacobo E. J., A. M. Rodríguez, N. Bartoloni, et al. Rotational Grazing Effects on Rangeland Vegetation at a Farm Scale [J]. Rangeland Ecology & Management, 2006, 59 (3): 249–257.

[52] Kahmen, S., P. Poschlod. Plant Functional Trait Responses to Grassland Succession over 25 Years [J]. Journal of Vegetation Science, 2004, 15 (1): 21–32.

[53] Kawamura K., T. Akiyama, H. O. Yokota, et al. Quantifying Grazing Intensities Using Geographic Information Systems and Satellite Remote Sensing in the Xilingol Steppe Region, Inner Mongolia, China [J]. Agriculture Ecosystems & Environment, 2005, 107 (1): 83–93.

[54] Kleyer M. Validation of Plant Functional Types Across Two Contrasting Landscapes [J]. Journal of Vegetation Science, 2002, 13 (2): 167–178.

[55] Koch M., B. Schroder, A. Gunther, et al. Taxonomic and Functional Vegetation Changes after Shifting Management from Traditional Herding to Fenced Grazing in Temperate Grassland Communities [J]. Applied Vegetation Science, 2017, 20 (2): 259–270.

[56] Kraft N. J. B., L. S. Comita, J. M. Chase. Disentangling The Drivers of ? Diversity Along Latitudinal and Elevational Gradients [J]. Science, 2011, 333 (6050): 1755–1758.

[57] Lavorel S., E. Garnier. Predicting Changes in Community Composition and Ecosystem Functioning from Plant Traits : Revisiting the Holy Grail [J]. Functional Ecology, 2002, 16 (5): 545–556.

[58] Lavorel S., S. Mcintyre, J. J. Landsberg. Plant Functional Classifications : From General Groups to Specific Groups Based on Response to Disturbance [J]. Trends in Ecology & Evolution, 1997,

12（12）：474–478.

[59] Li J.，G. S. Okin，L. Alvarez，et al. Quantitative Effects of Vegetation Cover on Wind Erosion and Soil Nutrient Loss in a Desert Grassland of Southern New Mexico，Usa [J]. Biogeochemistry，2007，85（3）：317–332.

[60] Li S.，P. H. Verburg，S. Lv，et al. Spatial Analysis of the Driving Factors of Grassland Degradation under Conditions of Climate Change and Intensive Use in Inner Mongolia，China [J]. Regional Environmental Change，2012，12（3）：461–474.

[61] Loeser M. R. R.，T. D. Sisk，T. E. Crews Impact of Grazing Intensity during Drought in an Arizona Grassland [J]. Conservation Biology，2007，21（1）：87–97.

[62] Lorenzo P.，E. Pazos–Malvido，M. Rubido–Bará，et al. Invasion by the Leguminous Tree Acacia Dealbata（Mimosaceae）Reduces the Native Understorey Plant Species in Different Communities [J]. Australian Journal of Botany，2012，60（8）：669.

[63] Ma Fengyun. Research Advances on Ecosystem Stability [J]. Journal of Desert Research，2002，22（4）：401–407.

[64] Marcelo S.，M. Gutman，A. Perevolotsky，et al. Vegetation Response to Grazing Management in a Mediterranean Herbaceous Community：A Functional Group Approach [J]. Journal of Applied Ecology，2000，37（2）：224–237.

[65] Matthew C.，G. Lemaire，N. R. S. Hamilton，et al. A Modified Self–Thinning Equation to Describe Size/Density Relationships for Defoliated Swards [J]. Annals of Botany，1995，76（6）：0–587.

[66] Mccall D. G.，D. A. Clark. Optimized Dairy Grazing Systems in the Northeast United States and New Zealand. Ⅰ. System

Analysis [J]. Journal of Dairy Science, 1999, 82 (8): 1808–1816.

[67] Mcintyre S., K. M. Heard, T. G. Martin. The Relative Importance of Cattle Grazing in Subtropical Grasslands : Does It Reduce or Enhance Plant Biodiversity? [J]. Journal of Applied Ecology, 2003, 40 (3) .

[68] Mcintyre S., S. Lavorel. Livestock Grazing in Subtropical Pastures : Steps in the Analysis of Attribute Response and Plant Functional Types [J]. Journal of Ecology, 2001, 89 (2): 209–226.

[69] Mcnaughton D. A. F. J. Stability Increases with Diversity in Plant Communities : Empirical Evidence from the 1988 Yellowstone Drought [J]. Oikos, 1991, 62 (3): 360–362.

[70] Mcnaughton M., J. Oesterhelds. Effect of Stress and Time for Recovery on the Amount of Compensatory Growth after Grazing[J]. Oecologia, 1990, 85 (3): 305–313.

[71] Metera E., T. Sakowski, K. Słoniewski, et al. Grazing as a Tool to Maintain Biodiversity of Grassland —A Review [J]. Animal Science Papers & Reports, 2010, 28 (4): 315–334.

[72] Milchunas D. G., O. E. Sala, W. K. Lauenroth. A Generalized Model of the Effects of Grazing by Large Herbivores on Grassland Community Structure [J]. American Naturalist, 1988, 132 (1): 87–106.

[73] Milchunas D. G., M. W. Vandever. Grazing Effects on Plant Community Succession of Early–and Mid–Seral Seeded Grassland Compared to Shortgrass Steppe [J]. Journal of Vegetation Science, 2014, 25 (1): 22–35.

[74] Milton S. J. A Conceptual Model of Arid Rangeland Degradation—The Escalating Cost of Declining Productivity [J]. Bioscience, 1994, 44 (2): 70–76.

[75] Minami K., J. Goudriaan, E. Lantinga, et al. Significance of Grasslands in Emission and Absorption of Greenhouse Gases [C]. Proc. 17th Int. Grassland Congr. , Palmerston North, New Zealand, 1993.

[76] Moreno Garcıa C. A., J. Schellberg, F. Ewert, et al. Response of Community–Aggregated Plant Functional Traits along Grazing Gradients: Insights from African Semi–Arid Grasslands [J]. Applied Vegetation Science, 2014 (17): 470 – 481.

[77] Mouillot D., D. R. Bellwood, C. Baraloto. Rare Species Support Vulnerable Functions in High–Diversity Ecosystems [J]. PLos Biology, 2013, 11 (5): e1001569.

[78] Na Y., J. Li, B. Hoshino, et al. Effects of Different Grazing Systems on Aboveground Biomass and Plant Species Dominance in Typical Chinese and Mongolian Steppes [J]. Sustainability, 2018, 10 (12): 1–14.

[79] Oba G., O. R. Vetaas, N. C. Stenseth. Relationships between Biomass and Plant Species Richness in Arid–Zone Grazing Lands [J]. Journal of Applied Ecology, 2001, 38 (4): 836–845.

[80] Olff H., M. E. Ritchie. Effects of Herbivores on Grassland Diversity [J]. Trends in Ecology & Evolution, 1998, 13 (7): 261–265.

[81] Orr R. J., J. E. Cook, R. A. Champion, et al. Intake Characteristics of Perennial Ryegrass Varieties When Grazed by Sheep under Continuous Stocking Management [J]. Euphytica, 2003, 134 (3): 247–260.

[82] Parsons S. S. D. The Savory Grazing Method [J]. Rangelands, 1980, 2 (6): 234–237.

[83] Pérez H. N., S. Díaz, E. Garnier. New Handbook for

Standardised Measurement of Plant Functional Traits Worldwide [J]. Australian Journal of Botany，2013，61（3）：167–234.

[84] Pfister J. A.，G. B. Donart，R. D. Pieper，et al. Cattle Diets under Continuous and Four–Pasture，One–Herd Grazing Systems in Southcentral New Mexico [J]. Journal of Range Management，1984，37（1）：50–54.

[85] Philipp H. Wan，M. Gierus，et al. Grassland Responses to Grazing：Effects of Grazing Intensity and Management System in an Inner Mongolian Steppe Ecosystem[J]. Plant & Soil，2011，340（1–2）：103–115.

[86] Pickett S. T. A.，J. Kolasa，et al. Ecological Understanding [M]. New York：Elsevier，1994.

[87] Pulido R. G.，J. D. Leaver. Continuous and Rotational Grazing of Dairy Cows—The Interactions of Grazing System with Level of Milk Yield，Sward Height and Concentrate Level [J]. Grass & Forage Science，2003，58（3）：265–275.

[88] Richards，Olsonj. Spatial Arrangement of Tiller Replacement in Agropyron Desertorum Following Grazing[J]. Oecologia，1988，76（1）：7–10.

[89] Romme W. H. Fire and Landscape Diversity in Subalpine Forests of Yellowstone National Park [J]. Ecological Monographs，1982，52（2）：199–221.

[90] Rosenzweig M. L. Species Diversity in Space and Time [M]. Cambridge Cambridge University Press，1995.

[91] Ruifrok J. L.，F. Postma，H. Olff. Scale Dependent Effects of Grazing and Topographic Heterogeneity on Plant Species Richness in a Dutch Salt Marsh Ecosystem [J]. Applied Vegetation Science，2014（17）：615–624.

[92] Sampson A. W. Plant Succession in Relation to Range Management [J]. 1919, 89 (12): 3425-3427.

[93] Semple A. T. Grassland Improvement in Africa [J]. Biological Conservation, 1971, 3 (3): 173-180.

[94] Severson, M. K. E. Vegetation Response to the Santa Rita Grazing System [J]. Journal of Range Management, 1988, 41 (4): 291-295.

[95] Shvidenko A., S. Nilsson. A Synthesis of the Impact of Russian Forests on the Global Carbon Budget for 1961-1998 [J]. Tellus, 2010, 55 (2): 25.

[96] Sternberg M., M. Gutman, A. Perevolotsky. Vegetation Response to Grazing Management in a Mediterranean Herbaceous Community: A Functional Group Approach [J]. Journal of Applied Ecology, 2000, 37 (2): 224-237.

[97] Sternberg T., R. Tsolmon, N. Middleton, et al. Tracking Desertification on the Mongolian Steppe through NDVI and Field-Survey Data [J]. International Journal of Digital Earth, 2011, 4 (1): 50-64.

[98] Su Y.-Z., Y.-L. Li, J.-Y. Cui. Influences of Continuous Grazing and Livestock Exclusion on Soil Properties in a Degraded Sandy Grassland, Inner Mongolia, Northern China [J]. Catena, 2005, 59 (3): 267-278.

[99] Suttie J. M., S. G. Reynolds, C. Batello. Grassland of the World [M]. Beijing: China Agriculture Press, 2011.

[100] Tilman D. Diversity and Productivity in a Long-Term Grassland Experiment [J]. Science, 2001, 294 (5543): 843-845.

[101] Tilman D., A. Haddi. Drought and Biodiversity in Grasslands [J]. Oecologia, 1992, 89 (2): 257-264.

[102] Timofeev I. V., N. E. Kosheleva, N. S. Kasimov, et al. Geochemical Transformation of Soil Cover in Copper–Molybdenum Mining Areas (Erdenet, Mongolia) [J]. Journal of Soils & Sediments, 2016, 16 (4): 1225–1237.

[103] Tachiiri K., M. Shinoda, B. Klinkenberg, et al. Assessing Mongolian Snow Disaster Risk Using Livestock and Satellite Date [J]. Journal of Arid Environments, 2008, 72(12): 2251–2263.

[104] Valencia E., F. T. Maestre, B. Y. Le. Functional Diversity Enhances the Resistance of Ecosystem Multifunctionality to Aridity in Mediterranean Drylands [J]. New Phytologist, 2015, 206 (2): 660–671.

[105] Waldhardt R., A. Otte. Indicators of Plant Species and Community Diversity in Grasslands [J]. Agriculture Ecosystems & Environment, 2003, 98 (1–3): 339–351.

[106] Wang J., D. G. Brown, J. Chen. Drivers of the Dynamics in Net Primary Productivity Across Ecological Zones on the Mongolian Plateau [J]. Landscape Ecology, 2013, 28 (4): 725–739.

[107] Wang L., D. Wang, Y. Bai, et al. Spatially Complex Neighboring Relationships among Grassland Plant Species as an Effective Mechanism of Defense Against Herbivory [J]. Oecologia, 2010, 164 (1): 193–200.

[108] Wario H. T., H. G. Roba, B. Kaufmann. Responding to Mobility Constraints: Recent Shifts in Resource Use Practices and Herding Strategies in the Borana Pastoral System, Southern Ethiopia [J]. Journal of Arid Environments, 2016 (127): 222–234.

[109] Westoby M., B. Walker, I. Noy–Meir. Opportunistic Management for Rangelands Not at Equilibrium [J]. Journal of Range Management, 1989, 42 (4): 266–274.

［110］Wyatt-Smith，J. The Purpose of Forests：Follies of Development by Jack Westoby［J］. The Commonwealth Forestry Review，1987，68（4）：318-319.

［111］Xiaoli B. I.，W. Hong，W. U. Chengzhen，et al. Reasearch on the Bio-Diversity and Stability of the Rare Plant Communities［J］. Journal of Fujian College of Forestry，2003，23（4）：301-304.

［112］Zhang M. D. A.，E. Borjigin，H. Zhang. Mongolian Nomadic Culture and Ecological Culture：On the Ecological Reconstruction in The Agro-Pastoral Mosaic Zone in Northern China［J］. Ecological Economics，2007，62（1）：19-26.

［113］阿如娜 . 巴林左旗蒙古语言使用状况调查［J］. 中国蒙古学，2017（2）：18-25.

［114］安渊，李博，杨持等 . 内蒙古大针茅草原草地生产力及其可持续利用研究 I . 放牧系统植物地上现存量动态研究［J］. 草业学报，2001（2）：23-28.

［115］安渊，李博，杨持等 . 植物补偿性生长与草地可持续利用研究［J］. 中国草地学报，2001，23（6）：1-5.

［116］敖仁其，达林太 . 草原产权制度变迁与创新［J］. 内蒙古社会科学（汉文版），2003（4）：116-120.

［117］敖仁其，达林太 . 草原牧区可持续发展问题研究［J］. 财经理论研究，2005（2）：26-29.

［118］巴图娜存，胡云锋，毕力格吉夫等 . 蒙古高原乌兰巴托—锡林浩特草地样带植物物种的空间分布［J］. 自然资源学报，2015，30（1）：24-36.

［119］白永飞，许志信，李德新 . 内蒙古高原针茅草原群落土壤水分和碳、氮分布的小尺度空间异质性［J］. 生态学报，2002，22（8）：1215-1223.

［120］包刚，包玉龙，阿拉腾图娅等 . 1982 ~ 2011 年蒙古高

原植被物候时空动态变化［J］. 遥感技术与应用，2017，32（5）：866-874.

［121］包秀霞，易津，刘书润等 . 不同放牧方式对蒙古高原典型草原土壤种子库的影响［J］. 中国草地学报，2010（5）：68-74.

［122］包玉海 . 内蒙古土地利用变化研究［D］. 中国科学院遥感应用技术研究所博士学位论文，1999.

［123］包玉山 . 内蒙古草原退化沙化的制度原因及对策建议［J］. 内蒙古师范大学学报（哲学社会科学汉文版），2003，32（3）：28-32.

［124］宝音，王忠武，阿拉塔 . 放牧对草地土壤水分的影响［J］. 当代畜禽养殖业，2009（5）：13-15.

［125］毕力格，杜淑芳 . 内蒙古人口迁移对草原畜牧业及生态环境变迁的影响研究［J］. 前沿，2016（9）：100-104.

［126］曹鑫，辜智慧，陈晋等 . 基于遥感的草原退化人为因素影响趋势分析［J］. 植物生态学报，2006，30（2）：268-277.

［127］常会宁 . 放牧生态学方法在我国的应用与发展［J］. 黑龙江畜牧兽医，1998（3）：40-41.

［128］常会宁，夏景新 . 草地放牧制度及评价［J］. 草原与草坪，1994（4）：9-15.

［129］成如，赵楠，赵青山 . 草地放牧利用制度与草地生产力关系［J］. 农村牧区机械化，2014（3）：29-30.

［130］丛日慧，刘思齐，朱羚等 . 短期放牧下典型草原草畜生产和转化效率研究［J］. 中国草地学报，2017，39（6）：47-53.

［131］丁小慧，宫立，王东波等 . 放牧对呼伦贝尔草地植物和土壤生态化学计量学特征的影响［J］. 生态学报，2012，32（15）：4722-4730.

［132］董全民，赵新全，马玉寿等 . 牦牛放牧强度对小嵩草草甸两季轮牧草场植物群落数量特征的影响［J］. 生态学杂志，2011，

30（10）：2233-2239.

［133］方精云. 全球生态学：气候变化与生态响应［M］. 北京：高等教育出版社，2000.

［134］格·孟和. 论蒙古族草原生态文化观［J］. 内蒙古社会科学，1996（3）：41-45.

［135］耿文诚，马宁. 人工草地划区轮牧考尔木怀孕母羊群体采食量研究［J］. 中国草食动物科学，2000（4）：7-8.

［136］海山. 内蒙古农牧交错带可持续发展研究［J］. 经济地理，1995（2）：100-103.

［137］海山. 内蒙古牧区人地关系演变及调控问题研究［M］. 呼和浩特：内蒙古教育出版社，2013.

［138］韩光辉. 我国土地荒漠化的历史考察［J］. 中国土地，1999（8）：34-36.

［139］韩国栋. 划区轮牧和季节连续放牧绵羊的牧食行为［J］. 中国草地学报，1993（2）：1-4.

［140］韩国栋，焦树英，毕力格图等. 短花针茅草原不同载畜率对植物多样性和草地生产力的影响［J］. 生态学报，2005，27（1）：182-188.

［141］韩国栋，李勤奋，卫智军等. 家庭牧场尺度上放牧制度对绵羊摄食和体重的影响［J］. 中国农业科学，2004（5）：124-130.

［142］韩国栋，许志信，章祖同. 划区轮牧和季节连续放牧的比较研究［J］. 干旱区资源与环境，1990（4）：87-95.

［143］韩慧光，孙东辉，陈国良等. 划区轮牧饲养肉牛实验报告［J］. 黑龙江畜牧兽医，1999（4）：12-13.

［144］郝海广. 基于土地适宜性评价的科尔沁沙地退耕还林还草决策分析——以科尔沁左翼后旗为例［D］. 内蒙古师范大学硕士学位论文，2008.

[145] 何高济 . 志费尼和《世界征服者史》[J]. 民族研究，1981（6）：39–44.

[146] 侯东民 . 草原治理应明确贯彻“有效卸载人口生态压力”的基本方针 [J]. 科学导报，2001（08）：12–14.

[147] 侯扶江，杨中艺 . 放牧对草地的作用 [J]. 生态学报，2006，26（1）：244–264.

[148] 侯向阳，徐海红 . 不同放牧制度下短花针茅荒漠草原碳平衡研究 [J]. 中国农业科学，2011，44（14）：3007–3015.

[149] 胡焕庸，张善余 . 中国人口地理（上册）[J]. 人口与经济，1985（5）：55.

[150] 胡令浩 . 西部大开发中人口与环境、资源、经济的协调发展 [J]. 青海科技，2000（4）：6–8.

[151] 贾幼陵 . 草原退化原因分析和草原保护长效机制的建立 [J]. 中国草地学报，2011，33（2）：1–6.

[152] 靳瑰丽，朱进忠等 . 论草地退化 [J]. 草原与草坪，2007（5）：79–82.

[153] 李博 . 普通生态学 [M]. 呼和浩特：内蒙古大学出版社，1993.

[154] 李博 . 中国北方草地退化及其防治对策 [J]. 中国农业科学，1997，30（6）：1–10.

[155] 李建龙 . 不同轮牧强度对天山北坡低山带蒿属荒漠春秋场土草畜影响研究 [J]. 草业学报，1993（2）：60–65.

[156] 李金花，李镇清，任继周 . 放牧对草原植物的影响 [J]. 草业学报，2002，11（1）：4–11.

[157] 李金霞 . 鄂尔多斯高原西部植被—土壤—土壤动物对荒漠化的响应 [D]. 东北师范大学博士学位论文，2011.

[158] 李勤奋，韩国栋，敖特根等 . 划区轮牧制度在草地资源可持续利用中的作用研究 [J]. 农业工程学报，2003（3）：224–

227.

［159］李勤奋，韩国栋，敖特根等．划区轮牧中不同放牧利用时间对草地植被的影响［J］. 生态学杂志，2004（2）：7-10.

［160］李素英，莺歌，符娜等．基于植被指数的典型草原区生物量模型——以内蒙古锡林浩特市为例［J］. 植物生态学报，2007，31（1）：23-31.

［161］李香真．放牧对典型草原土壤—植物系统中碳、氮、磷库特征的影响［D］. 中国科学院博士学位论文，1999.

［162］李永宏．放牧影响下羊草草原和大针茅草原植物多样性的变化［J］. 植物生物学杂志，1993，35（11）：877-884.

［163］李永宏．内蒙古草原草场放牧退化模式研究及退化监测专家系统雏议［J］. 植物生态学报，1994（1）：68-79.

［164］李永宏，阿兰．不同放牧体制对新西兰南部补播生草丛草地的长期效应［J］. 草原与草坪，1995（1）：22-28.

［165］李永宏，汪诗平．放牧对草原植物的影响［J］. 中国草地学报，1999（3）：11-19.

［166］林慧龙，任继周．环县典型草原放牧家畜践踏的模拟研究［J］. 草地学报，2008，16（1）：97-99.

［167］刘纪远，齐永青，师华定等．蒙古高原塔里亚特—锡林郭勒样带土壤风蚀速率的~（137）Cs示踪分析［J］. 科学通报，2007，52（23）：87-93.

［168］刘景玲，高玉葆，何兴东等．内蒙古中东部草原植物群落物种多样性和稳定性分析（简报）［J］. 草地学报，2006，14（4）：390-392.

［169］刘太勇．人工草地分区轮牧的研究［J］. 草业与畜牧，1993（1）：48-51.

［170］刘振国．内蒙古退化草原对不同类型干扰的响应研究［D］. 中国科学院研究生院（植物研究所）博士学位论文，2006.

[171] 刘忠宽，汪诗平，陈佐忠．不同放牧强度草原休牧后土壤养分和植物群落变化特征[J]. 生态学报，2006，26（6）：2048-2056.

[172] 刘钟龄，王炜，郝敦元等．内蒙古草原退化与恢复演替机理的探讨[J]. 干旱区资源与环境，2002，16（1）：84-91.

[173] 柳剑丽，王宗礼，李平等．锡林郭勒典型草原不同群落物种间关系的数量分析[J]. 中国草地学报，2013（5）：76-81.

[174] 鲁楠．从《哲盟实剂》看王士仁的近代化思想[J]. 前沿，2018（3）：109-112.

[175] 毛培胜．草地学（第四版）[M]. 北京：中国农业出版社，1982.

[176] 那音太，乌兰图雅，秦福莹．基于3S技术的科尔沁沙地土地荒漠化动态监测——以科尔沁左翼后旗为例[J]. 干旱区资源与环境，2010，24（10）：53-57.

[177] 内蒙古自治区畜牧厅修志编史委员会．内蒙古畜牧业发展史[M]. 呼和浩特：内蒙古人民出版社，2000.

[178] 牛钰杰，杨思维，王贵珍等．放牧干扰下高寒草甸物种、生活型和功能群多样性与生物量的关系[J]. 生态学报，2018，38（13）：4733-4743.

[179] 彭祺，王宁．不同放牧制度对草地植被的影响[J]. 农业科学研究，2005，26（1）：27-30.

[180] 秦福莹．蒙古高原植被时空格局对气候变化的响应研究[D]. 内蒙古大学博士学位论文，2019.

[181] 庆沙那．蒙古高原放牧制度研究[D]. 内蒙古大学硕士学位论文，2014.

[182] 任继周，胡自治，牟新待等．草原的综合顺序分类法及其草原发生学意义[J]. 中国草地学报，1980（1）：12-24.

[183] 任继周，牟新待．试论划区轮牧[J]. 中国农业科学，

1964，5（1）：21-25.

［184］任继周，南志标，郝敦元．草业系统中的界面论［J］．草业学报，2000，9（1）：1-8.

［185］萨娜斯琴，易津，包秀霞．不同放牧方式对中蒙荒漠草原植被和土壤特性的影响［J］．中国农学通报，2010，26（14）：287-291.

［186］萨仁高娃，敖特根，韩国栋等．不同放牧强度下典型草原植物群落数量特征和家畜生产性能的比较研究［J］．草原与草业，2010，22（4）：47-50.

［187］施玉辉，周翰信，马永林等．二万一千亩划区轮牧试验报告（1974 ~ 1982）［J］．四川草原，1983（1）：57-62.

［188］宋乃工．中国人口（内蒙古分册）［M］．北京：中国财政经济出版社，1987.

［189］孙世贤，卫智军，吕世杰等．放牧强度季节调控下荒漠草原植物群落与功能群特征［J］．生态学杂志，2013（10）：181-188.

［190］唐锡仁．马可波罗和他的游记［M］．北京：商务印书馆，1981.

［191］汪诗平，陈佐忠，王艳芬等．绵羊生产系统对不同放牧制度的响应［J］．中国草地学报，1999（3）：42-50.

［192］汪诗平，李永宏，王艳芬等．不同放牧率对内蒙古冷蒿草原植物多样性的影响［J］．植物学报（英文版），2001，43（1）：92-99.

［193］王殿魁，刘志武，王德等．奶牛划区轮牧方法的调查研究（第一报）——轮牧方法与措施［J］．中国畜牧杂志，1966（2）：7-10.

［194］王国杰．放牧对内蒙古草原群落和土壤种子库的影响及两者关系的研究［D］．中国科学院研究生院（植物研究所）硕士学

位论文，2005.

［195］王龙耿，沈斌华．蒙古族历史人口初探（17 世纪中叶 ~ 20 世纪中叶）［J］. 内蒙古大学学报（人文社会科学版）1997（2）：30–41.

［196］王淑强．红池坝人工草地放牧方式和放牧强度的研究［J］. 草地学报，1995（3）：173–180.

［197］王炜，刘钟龄，郝敦元等．内蒙古草原退化群落恢复演替的研究 I．退化草原的基本特征与恢复演替动力［J］. 植物生态学报，1996，20（5）：449–459.

［198］王鑫厅，侯亚丽，刘芳等．羊草 + 大针茅草原退化群落优势种群空间点格局分析［J］. 植物生态学报，2011（12）：77–85.

［199］王艳芬，汪诗平．不同放牧率对内蒙古典型草原牧草地上现存量和净初级生产力及品质的影响［J］. 草业学报，1999（1）：16–21.

［200］王永健，陶建平，彭月．陆地植物群落物种多样性研究进展［J］. 广西植物，2006（4）：70–75.

［201］卫智军，韩国栋，杨静等．短花针茅荒漠草原植物群落特征对不同载畜率水平的响应［J］. 中国草地学报，2000（6）：1–5.

［202］卫智军，杨静，苏吉安等．荒漠草原不同放牧制度群落现存量与营养物质动态研究［J］. 干旱地区农业研究，2003，21（4）：53–57.

［203］闻正．蒙古高原隆升对亚洲气候形成的影响［J］. 科学，2015（5）：58.

［204］乌兰图雅．20 世纪科尔沁的农业开发与土地利用变化［J］. 自然资源学报，2002，17（2）：157–161.

［205］乌兰图雅，张雪芹．清代科尔沁农耕北界的变迁［J］. 地理科学，2001，21（3）：230–235.

［206］乌兰吐雅，包刚，乌云德吉等．草地地上生物量高光

谱遥感估算研究［J］. 内蒙古师范大学学报（自然科学汉文版），2015，44（5）：660-666.

［207］乌兰巴特尔，刘寿东 . 内蒙古主要畜牧气象灾害减灾对策研究［J］. 自然灾害学报，2004，13（6）：36-40.

［208］乌兰图雅，乌敦，那音太 . 20 世纪科尔沁的人口变化及其特征分析［J］. 地理学报，2007（4）：418-426.

［209］吴恩岐 . 蒙古高原中蒙典型草原放牧生态学比较研究［D］. 内蒙古农业大学博士学位论文，2017.

［210］武新，武芳梅，陈卫民等 . 暖季轮牧对长芒草型干草原生产性能的影响初报［J］. 黑龙江畜牧兽医，2005（7）：56-57.

［211］希吉日塔娜 . 不同放牧制度和轮牧时间对短花针茅荒漠草原植被的影响［D］. 内蒙古农业大学博士学位论文，2013.

［212］锡林图雅，徐柱，郑阳 . 放牧对草地植物群落的影响［J］. 草业与畜牧，2008（10）：1-5，22.

［213］肖绪培，宋乃平，王兴等 . 放牧干扰对荒漠草原土壤和植被的影响［J］. 中国水土保持，2013（12）：19-23.

［214］谢树瑛，彭芳 . 草原退化原因分析和草原保护长效机制［J］. 农业开发与装备，2017（9）：55.

［215］熊小刚，韩兴国，陈全胜等 . 平衡与非平衡生态学在锡林河流域典型草原放牧系统中的应用［J］. 生态学报，2004，24（10）：77-82.

［216］薛利红，曹卫星，罗卫红等 . 光谱植被指数与水稻叶面积指数相关性的研究［J］. 植物生态学报，2004（1）：50-55.

［217］阎传海，徐科峰 . 科尔沁沙地近 50 年的垦殖与土地利用变化［J］. 地理科学进展，2000，19（3）：273-278.

［218］杨持 . 生态学［M］. 北京：高等教育出版社，2008.

［219］杨殿林，韩国栋，胡跃高等 . 放牧对贝加尔针茅草原群落植物多样性和生产力的影响［J］. 生态学杂志，2006，25（12）：

1470–1475.

［220］杨浩，白永飞，李永宏等．内蒙古典型草原物种组成和群落结构对长期放牧的响应［J］．植物生态学报，2009（3）：79–87.

［221］杨静，巴音巴特．短花针茅草地几种牧草利用率的确定［J］．草原与草业，2001（4）：10–14.

［222］杨静，朱桂林，高国荣等．放牧制度对短花针茅草原主要植物种群繁殖特征的影响［J］．干旱区资源与环境，2001（S1）：112–116.

［223］杨利民，韩梅．中国东北样带草地群落放牧干扰植物多样的变化［J］．植物生态学报，2001，25（1）：110–114.

［224］杨霞，王珍，运向军等．不同降雨年份和放牧方式对荒漠草原初级生产力及营养动态的影响［J］．草业学报，2015，24（11）：1–9.

［225］杨智明，王琴，王秀娟等．放牧强度对草地牧草物候期生活力和土壤含水量的影响［J］．农业科学研究，2005（3）：5–7，17.

［226］于潇．建国以来东北地区人口迁移与区域经济发展分析［J］．人口学刊，2006（3）：29–34.

［227］约翰 · W. 朗沃斯，格里格 · J. 威廉森．中国牧区发展的人口制约因素［J］．中国农村经济 1994，8（55–61）.

［228］云和义．清代以来内蒙古大量开垦土地的主要原因［J］．北方农业学报，1999（6）：12–15.

［229］云文丽，王永利，梁存柱等．典型草原区生态水文过程与植被退化的关系［J］．中国草地学报，2011，33（3）：59–65.

［230］张金萍，张静，孙素艳．灰色关联分析在绿洲生态稳定性评价中的应用［J］．资源科学，2006，28（4）：195–200.

［231］张金屯．数量生态学［M］．北京：科学出版社，2004.

［232］张璐．不同利用方式对内蒙古典型草原优势种功能性状及功能多样性的影响［D］．内蒙古大学硕士学位论文，2011.

［233］张树海，成红，栗贵生等．不同放牧方式对草原生态影响的试验研究［J］．宁夏农林科技，2006（6）：24-25.

［234］张耀卿．古今游记丛钞，第十一册，卷之四十五，蒙古，边堠纪行［M］．北京：中华书局，1936.

［235］张自和．草原退化的后果及深层原因探讨［J］．草业科学，1995，12（6）：1-5.

［236］赵登亮，刘钟龄，杨桂霞等．放牧对克氏针茅草原植物群落与种群格局的影响［J］．草业学报，2010，19（3）：6-13.

［237］赵钢，曹子龙，李青丰．春季禁牧对内蒙古草原植被的影响［J］．草地学报，2003，11（2）：183-188.

［238］赵哈林，周瑞莲．科尔沁沙漠化草场植被恢复过程中的种源特性研究［J］．中国草地学报，1994（4）：1-8.

［239］赵吉．不同放牧率对冷蒿小禾草草原土壤微生物数量和生物量的影响［J］．草地学报，1999，7（3）：223-227.

［240］赵学勇，周瑞莲，张铜会等．北方农牧交错带的地理界定及其生态问题［J］．地球科学进展，2002（5）：110-118.

［241］周鸿．生态系统与耗散结构［J］．生态学杂志，1989（4）：51-54.

［242］周锡饮．气候变化和土地利用对蒙古高原植被覆盖影响［D］．北京林业大学硕士学位论文，2014.

［243］朱桂林．短花针茅草原主要植物种群特征对不同放牧制度响应的比较研究［D］．内蒙古农业大学硕士学位论文，2001.

［244］朱敬芳，邢白灵，居为民等．内蒙古草原植被覆盖度遥感估算［J］．植物生态学报，2011，35（6）：615-622.

［245］卓义．基于 MODIS 数据的蒙古高原荒漠化遥感定量监测方法研究［D］．内蒙古师范大学硕士学位论文，2007.

［246］左小安，赵哈林，赵学勇等．科尔沁沙地退化植被恢复过程中土壤有机碳和全氮的空间异质性［J］．环境科学，2009（8）：205-211.

［247］左小安，赵哈林，赵学勇等．科尔沁沙地不同恢复年限退化植被的物种多样性［J］．草业学报，2009，18（4）：9-16.

附　图

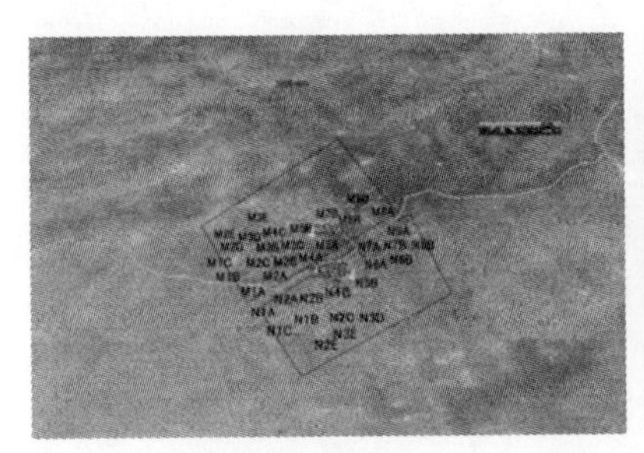

研究区及实验设计

蒙古国草原

边境草原

内蒙古自治区草原

草原的晚餐

样方调查

采访牧民

称重量

赛马训练（蒙古国）

内蒙古自治区居住条件

拉饮用水（蒙古国）

调查成员在牧民家（内蒙古自治区）

没有网围栏的草原（蒙古国）

网围栏（内蒙古自治区）

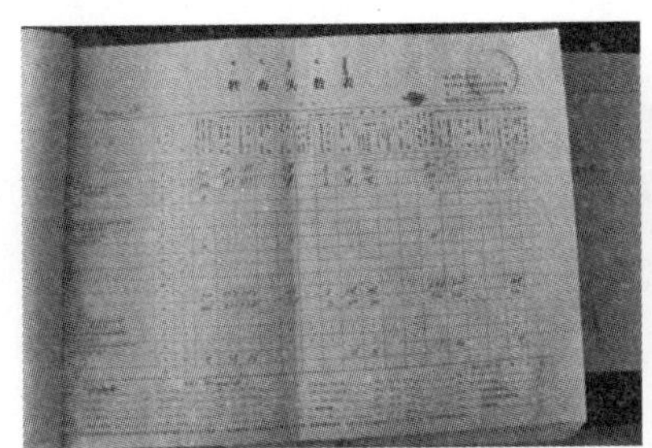

收集统计数据

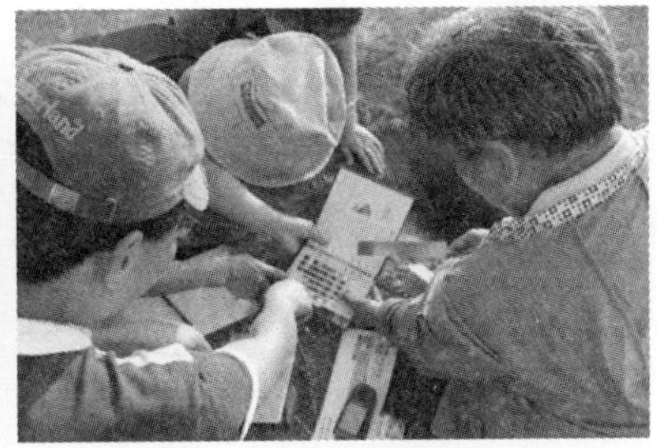

采集土壤数据

后　记

本书是我在博士论文的基础上修改完成的。衷心感谢我的博士生导师酪农学园大学（日本）的星野仏方（Buho Hoshino）教授，从论文的选题、方案的设计、野外工作、室内实验到论文完成整个过程中，星野先生提出了许多建设性的宝贵意见，并给予全力支持，我深深地感谢导师为我在日本博士期间的学业和生活所付出的辛苦。

感谢 Hobara S. 教授、Kenta Ogawa 副教授、Kazuaki Araki 教授和 Tuya Wulan 教授为论文提出的宝贵意见。

论文的野外调查、方案设计等方面得到了内蒙古师范大学地理科学学院赛西雅拉图老师、张卫青老师的大力支持，野外调查得到了赛西雅拉图老师主持的国家自然基金项目（41561009）的资助，在此表示诚挚的谢意。

感谢赛西雅拉图老师的研究生 Sorgog、Qinggel、Has、Wuhant，他们也是我们考察团队的主要成员，在大量野外工作和资料整理方面提供了大力支持。

感谢蒙古国国立大学 Basarhand、Alantanbater 两位老师，蒙古国教育大学 Tsedevdorj Serod 老师和 Yider 研究生对我们野外工作的帮助以及为我们在蒙古国期间衣食住行方面创造的便利。

感谢司机朋友的辛勤劳动。

感谢在野外工作中给我提供方便和帮助的当地牧民和领导，在你们的无私帮助下我们才得以顺利完成野外数据的采集工作。

感谢同研究室的 Rige Su、Hai Yong、Porbdorj、Hairihan、Ying Tian、松本等对论文提出的宝贵意见。

感谢酪农学园大学师生、Rotary 基金会成员和其他日本朋友，日本三年，他们在学习、生活中给了我很多帮助和支持，在这里一并致以衷心的感谢。

感谢丘怡虹女士在本书的英文润色方面的大力支持。

感谢家人，特别是感谢身体不好的母亲帮助我们照顾女儿。感谢妻子 Fuying Qin 女士，她不仅出色地完成了自己的博士学业，还操持家务和支持我的学习。最后我要感谢我五岁的女儿 Saihan Sog。

我把全部的成绩和美好祝福献给美丽可爱的草原和勤劳善良的牧民，献给关心、支持和帮助过我的所有朋友。